结构设计新形态丛书

Grasshopper 参数化结构设计 入门与提高

杨韶伟　著

中国建筑工业出版社

图书在版编目（CIP）数据

Grasshopper 参数化结构设计入门与提高 / 杨韶伟著.
北京：中国建筑工业出版社，2024.7. --（结构设计
新形态丛书）. --ISBN 978-7-112-30060-0

Ⅰ. TU201.4

中国国家版本馆 CIP 数据核字第 20242JL932 号

本书为"结构设计新形态丛书"之一，系网站达人编写，含有 108 个视频可扫码观看（共计 6.3G）。主要内容包括：悬挑大雨篷结构入门 GH；网架结构参数化设计；网壳结构参数化设计；桁架结构参数化设计；旋转楼梯结构参数化设计；建筑结构参数化设计中的数据结构；建筑结构参数化设计综合案例。案例包含了鸟巢、"小蛮腰"等建筑的快速建模。

本书供结构设计人员使用，并可供各层次院校师生使用或作为培训教材。

责任编辑：郭　栋
责任校对：张　颖

结构设计新形态丛书
Grasshopper 参数化结构设计入门与提高
杨韶伟　著

*

中国建筑工业出版社出版、发行（北京海淀三里河路 9 号）
各地新华书店、建筑书店经销
北京红光制版公司制版
天津画中画印刷有限公司印刷

*

开本：787 毫米×1092 毫米　1/16　印张：10¼　字数：259 千字
2024 年 7 月第一版　　2024 年 7 月第一次印刷
定价：**68.00** 元
ISBN 978-7-112-30060-0
（43015）

前　言

第一次接触犀牛 Grasshopper（简称 GH）参数化，是做一个异形钢结构网架的项目。当时，最大的感受是 GH 参数化建模极大地解放了结构设计师的生产力，可以腾出更多的时间用在结构方案的比选上。同时，GH 参数化的结构模型可以非常方便地应对建筑专业因各种原因所做的方案修改。这些是传统的 CAD 所不具备的优势。

市面上关于参数化的书籍已经不少了，但是更多地是从建筑专业的角度出发而写的，真正适合结构设计师的 GH 书籍目前还没有。基于此现状，萌生了写这本书籍的想法，目的是让更多的结构设计师接触参数化建模，提高自身的设计水平。

本书前 5 章内容属于参数化的入门级别，通过案例来熟悉上手 GH 参数化建模，掌握常用的一些参数化电池，初步体会电池背后的数据结构。第 6 章和第 7 章是参数化的提高章节。其中，第 6 章是关于数据结构的知识，读者在学习此章节的时候务必根据数据结构的知识反思前 5 章的案例，或优化，或形成自己的建模思路。第 7 章是各种综合案例，读者在此章节务必结合第 6 章的数据结构知识多去思考各类异形结构的建模思路。

同时，读者在阅读此书时，建议结合书籍中的配套视频一起学习。传统的书籍借助图文来表达作者的内容；本书突破传统的图文模式，穿插很多章节相关的视频资料，读者在阅读此书时，务必扫码阅读学习。视频资料可以多角度地帮助读者尽快上手 GH 参数化建模，为读者更好地掌握 GH 参数化设计增砖添瓦。

最后，衷心希望读者将此书作为学习 GH 参数化路上的转折点，灵活运用在实际项目中，使其成为实现自己结构设计项目的利器。

限于笔者的学识，本书定有不当或错误之处，敬请广大读者批评指正！

欢迎读者加入 QQ 群 937962920 或添加杨工微信"13152871327"，对本书展开讨论。另外，微信公众号"鲁班结构院"会发布本书的相关更新信息，欢迎关注。

目　录

第1章

悬挑大雨篷结构入门 GH

1.1 犀牛和 Grasshopper 介绍

1.1.1 犀牛和 GH 的历史

犀牛（Rhino）是美国 Robert McNeel & Assoc 开发的 PC 上强大的专业 3D 造型软件，它可以广泛地应用于三维动画制作、工业制造、科学研究及机械设计等领域。

Grasshopper（草蜢）简称 GH，是运行于 Rhino（犀牛）软件之上的节点可视化编程插件。它的开发者是 David Rutten。

目前，市面上最新的犀牛版本是 Rhino 8。关于犀牛软件和 GH 更多的历史，读者可以参考相关的书籍。读者需要明白的是，GH 的诞生极大地提高了犀牛的使用效率，其特点是可视化的编程语言。与传统的编程语言不同，无需高深的编程知识，只要看得懂简单的英文、有基本的逻辑推理能力，就可以上手。

1.1.2 结构设计师的 GH 学习的注意事项

结构设计师在学习 GH 之前，需要走出一个误区，就是犀牛和 GH 这些是建筑相关专业的设计师应该学习的软件，与结构设计无关。其实，随着行业的变革、科技的发展，结构设计师的思维也需要日渐更新。现今，社会大众的需求已经从过去的追求温饱变成了对生活品质的要求，建筑对结构的要求越来越高。

犀牛作为一款建模利器，从结构设计的角度出发，设计师无需对它的 GUI 操作过分关注，只需要将 GH 应用到实际项目中，就可以大幅度地提高生产力，腾出更多的时间去思考结构设计其他方面的内容。这里，笔者建议结构设计师学习 GH 的几点注意事项如下。

第一点是抓大放小。新手学习 GH 首先面临的困难是对参数化电池不熟悉。这里提醒读者的是，切勿把学习参数化电池误认为是学习 GH，读者的学习思路是抓住每个案例的建模逻辑和每一步的建模目标，这是大。不要过于纠结每个电池太过细致的知识，这里不是说电池的细节不重要，而是提醒大家每个阶段的目标不一样，新手阶段重要的是入门，要建立参数化建模的信心。

第二点是案例带动操作。建议读者阅读此书的过程中，每一个章节的案例通过书籍阅读和配套视频操作讲解之后，自己实际操作一遍。入门阶段的目标是根据本书内容完成全部案例操作，体会建模的整体思路。

第三点是培养自己的数据处理能力。如果说前 5 章是带读者入门 GH 参数化建模，那么第 6 章就是提高 GH 参数化建模，几何图形的背后是数据，对数据的处理是决定一个设计师使用参数化建模的高度。因此，这里建议读者阅读第 7 章之前，务必仔细阅读第 6 章的内容。带着第 6 章数据处理的知识，去体会第 7 章各种案例的建模思路。

第四点是回头看的习惯。全书图文和视频第一遍学习完毕后，建议读者从数据处理的角度看前 5 章的内容，相信你会有不一样的收获。前 5 章笔者是为了让新手快速入门 GH 参数化建模，大量引用了一些各种类型的参数化电池，走了一些"弯路"。新手完全可以在阅读完第 6 章之后，回头优化这些电池，提升自信！

第五点是切勿盲目用各种插件。市面上很多参数化建模插件，不可否认有些公认的插件可以大幅度提升建模效率，但是对新手来说是一把双刃剑，在没有原始电池储备的情况下盲目学习插件，往往适得其反。本书前 5 章内容均是原装电池，新手应该树立一个目标就是自己封装电池，做属于自己的参数化插件。

1.1.3　基本类型介绍

1. 启动

GH 的启动一般有三种方法。

第一种是最原始的方法，通过命令来启动，如图 1.1-1 所示。

图 1.1-1　命令启动 GH

第二种是快速创建启动命令，右键快速启动，如图 1.1-2 所示。

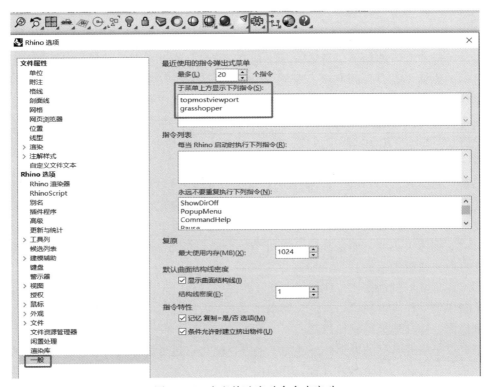

图 1.1-2　定义快速启动命令来启动

　　第三种是定义 GH 启动按钮（一般程序默认有）。如果没有启动按钮，可以参考图 1.1-3 自行创建。

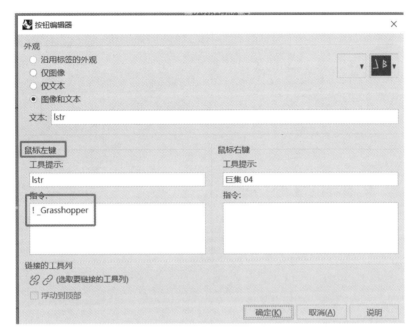

图 1.1-3　定义 GH 启动按钮

这里建议读者用第二种和第三种方法，以提高启动效率。

本部分详细操作见视频 95 GH 启动。

95 GH启动

2. Point

　　点是 GH 中的基本元素，通过三维坐标创建而成，可以用 panel 电池对点的坐标进行输入，也可用它来接收点的具体坐标值，如图 1.1-4 所示。

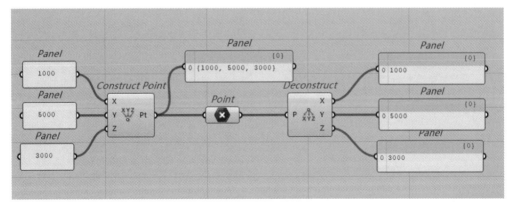

图 1.1-4　点的创建

96 Point介绍

本部分详细操作见视频 96 Point 介绍。

3. Curve

　　曲线在 GH 中是以一维区间来进行存储，它包括结构设计有限元分析的直线，实际项目中我们经常用曲线来进行等分，进而获得直线，达到"以直代曲"的效果。

图 1.1-5 是曲线的创建，实际项目中也经常用建筑专业提供的曲线进行结构线的等分。

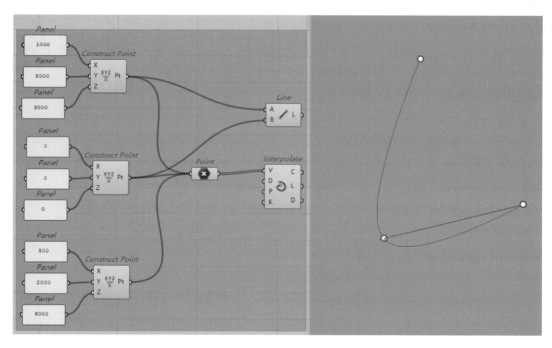

图 1.1-5　曲线的创建

图 1.1-6 是曲线等分成直线的过程，即以直代曲。

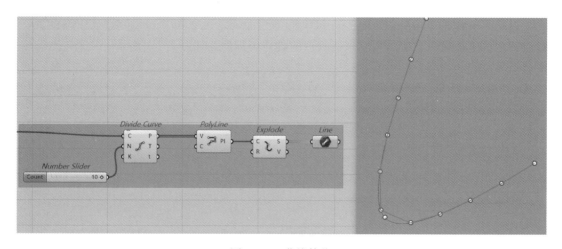

图 1.1-6　曲线等分

本部分详细操作见视频 97 Curve 介绍。

4. Surface

曲面可以看成是两个方向的曲线组成，GH 中称为 UV 方向。图 1.1-7 是最基本的四点创建曲面。

97 Curve介绍

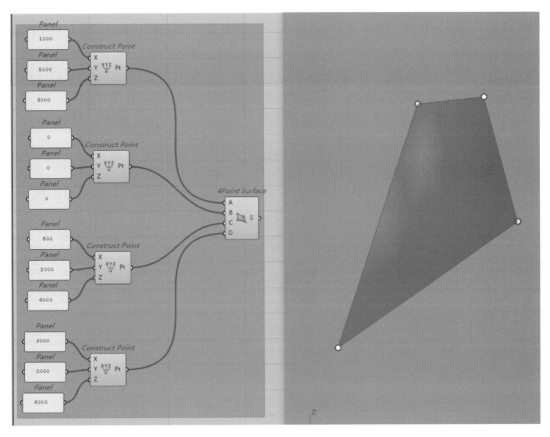

图 1.1-7　四点创建曲面

图 1.1-8 是对曲面的等分。

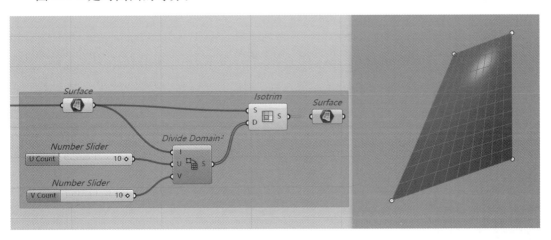

图 1.1-8　曲面等分

本部分详细操作见视频 98 Surface 介绍。

98 Surface介绍

5

5. Mesh

网格可以看成是犀牛软件与其他计算软件相交的灵魂，很多壳元的分析都是借助网格完成。GH 中，进行网格的操作往往可以起到事半功倍的效果。

网格分为四边网格和三边网格，它的创建一般由三部分组成：点位、点位顺序和颜色。一般重点关注前两者。

图 1.1-9 是空间平面中的六个点位，标签是 0-5。

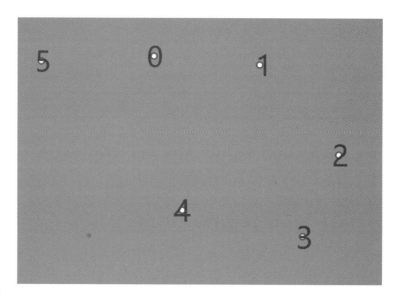

图 1.1-9　六个点位

我们在图 1.1-9 中的六个点位中创建一个四边形网格，四个角点是 0/1/2/4。参数化电池如图 1.1-10 所示。

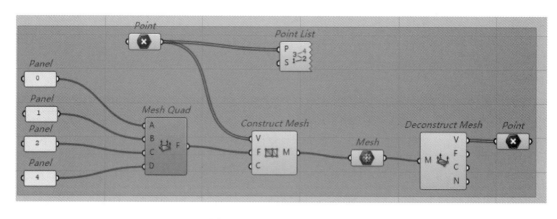

图 1.1-10　四边形网格创建

四边形网格创建效果如图 1.1-11 所示，读者注意观察点位标签。

同理，我们可以用参数化电池创建三边形网格，如图 1.1-12 所示。

三边形网格创建效果如图 1.1-13 所示，读者注意观察点位标签。

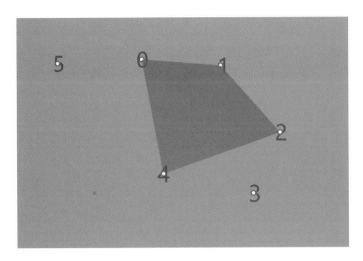

图 1.1-11　四边形网格

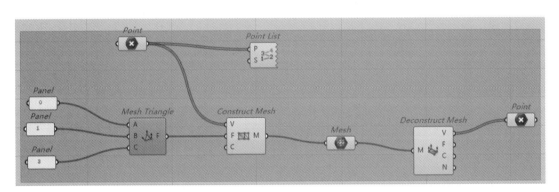

图 1.1-12　三边形网格创建

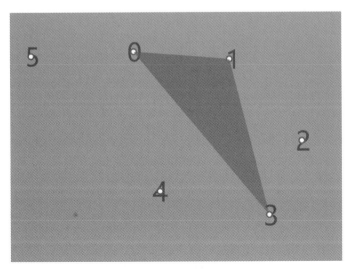

图 1.1-13　三边形网格

上面是网格创建最原始的电池，虽然看似操作麻烦，但是可以帮助新手很好地理解网格最初始的创建方法和组成元素。在实际项目中，我们经常用分割或者批量点位连线的方式进行网格创建，这个在后续章节会介绍给读者。

图 1.1-14 是一个简单壳体划分的网格。这个在实际项目中经常用来荷载导算。

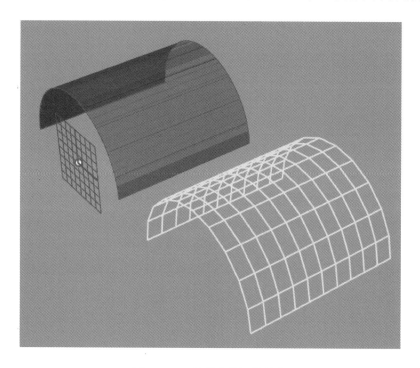

图 1.1-14　简单壳体网格划分

它的参数化电池如图 1.1-15 所示，主要建模思路是：基准线创建→拉伸成基准面→转换成大网格→划分大网格→炸开网格，即可得到单个网格。

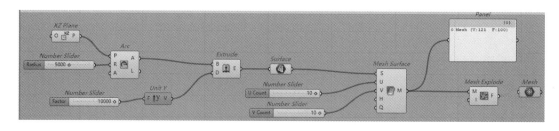

图 1.1-15　简单壳体网格划分电池

本部分详细操作见视频 99 Mesh 介绍。

6. Math

Math 是与数学计算相关的电池组。它不是传统意义上的加减乘除，本小节我们先简单熟悉一下最基本的运算电池，在后面章节的案例中我们会大量用到 Math 相关的电池。

99 Mesh介绍

首先，是传统的数字加减乘除，如图 1.1-16 所示。

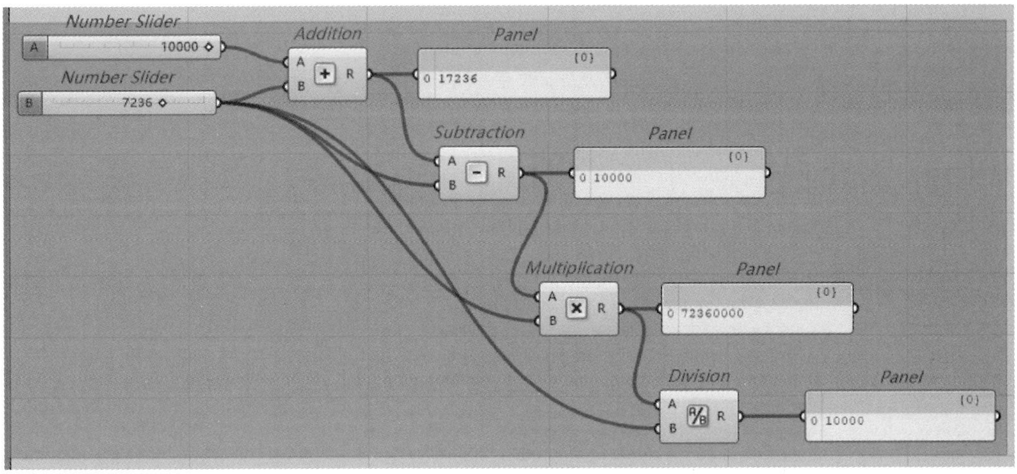

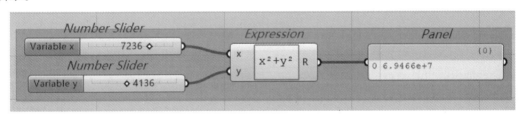

图 1.1-16　加减乘除

其次，是传统计算用途更广的自定义运算（包括常见的三角函数等计算），如图 1.1-17 所示。

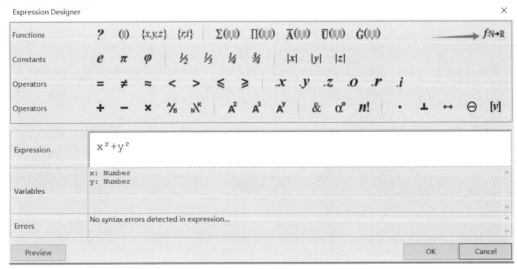

图 1.1-17　多项式运算

双击 Expression 电池，在弹出图 1.1-18 对话框的箭头处双击，可以弹出常用的表达式供设计师选用，如图 1.1-19 所示。

图 1.1-18　Expression 电池

Name	Signature	Description	
Abs	Abs(x)	Returns the absolute value of a specified number or vec...	
Acos	Acos(x)	Returns the angle whose cosine is the specified number	
Asin	Asin(x)	Returns the angle whose sine is the specified number	
Atan	Atan(x)	Returns the angle whose tangent is the specified number	
Atan2	Atan2(x, y)	Returns the angle whose tangent is the quotient of two ...	
CDbl	CDbl(x)	Creates a floating point number	
Ceiling	Ceiling(x)	Returns the smallest integer greater than or equal to th...	
CInt	CInt(x)	Converts a number or string to the nearest integer	
Cont...	Contains(s, p)	Tests whether [p] occurs within [s]	
Cos	Cos(x)	Returns the cosine of an angle	
Cosh	Cosh(x)	Returns the hyperbolic cosine of an angle	
Define	{a,b[,c]}	Create a new vector, plane or complex construct	
Deg	Deg(x)	Converts an angle in radians to degrees	
Dista...	Distance(x, y)	Returns the distance (Pythagorean) between two numb...	
Ends...	EndsWith(s, a)	Test whether [s] ends with [a]	
Exp	Exp(x)	Returns e raised to the specified power	
Fix	Fix(x)	Returns the integer portion of a number	
Floor	Floor(x)	Returns the largest integer less than or equal to the spe...	
Format	Format(s[, a, b, ...	Replaces each format item in a specified String with the ...	
GMean	Ġ(x[, y, z, ...])	Returns the geometric mean of a set of numbers	
HMe...	Ü(x[, y, z, ...])	Returns the harmonic mean of a set of numbers	
Hypot	Hypot(x, y)	Returns the length of the hypotenuse of a right triangle	
If	If(test, A, B)	Returns A if test is True, B if test is false	

图 1.1-19　Expression 电池内置表达式

此小节的 Math 相关电池我们在后续章节案例中会大量应用，读者只需要先熟悉即可。

本部分详细操作见视频 100 Math 介绍。

100 Math介绍

7. Vector

向量是 GH 参数化建模的一把利器，在三维空间中有无数个方向。如果你要找到属于你的方向，那么向量就是你所需方向的表达。

首先，我们回顾一下数学中的向量特点，既有大小又有方向的量是向量。图 1.1-20 是按照起点和终点创建最基本的向量。

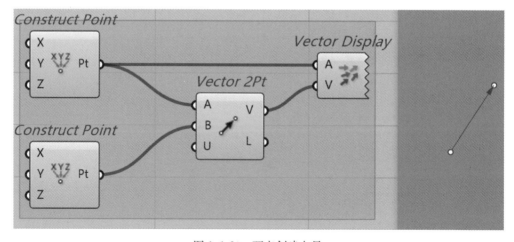

图 1.1-20　两点创建向量

其次，在实际项目中，我们经常用到三个方向（X、Y、Z）的向量，它们的参数化电池如图 1.1-21 所示。

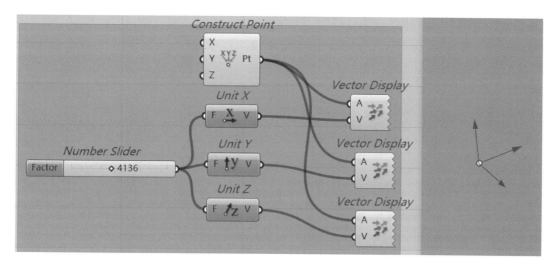

图 1.1-21 三个常用的向量

最后，我们用一根线的移动来简单体会一下向量的应用。图 1.1-22 是两点连成的一根线沿着 Y 向移动 5000 的电池。

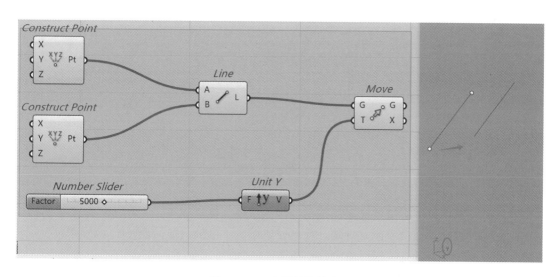

图 1.1-22 向量的简单应用

本部分详细操作见视频 101 Vector 介绍。

8. Plane

平面是 GH 中用来帮助我们定位用的，它的特点是两个方向无限延伸。用 Panel 可以观察它的组成，它是由平面中心点和垂直于平面的向量组成的。

101 Vector介绍

图 1.1-23 是三点共面的方法确定的平面。

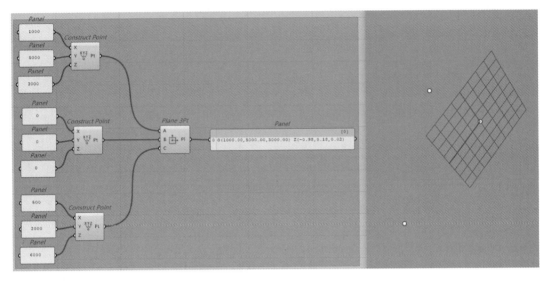

图 1.1-23 三点确定平面

图 1.1-24 是点加向量的方法确定平面。其原理很简单：一个中心点、两个垂直的向量，即可确定平面。

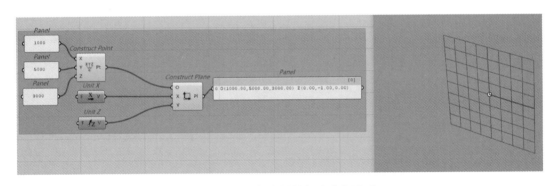

图 1.1-24 点加向量的方法确定平面

在实际项目中，读者要留意平面不是参数化建模的最终成果，它存在于建模中的辅助层面。比如，创建一个模型的基准圆，这时就要用到平面的电池，如图 1.1-25 所示。

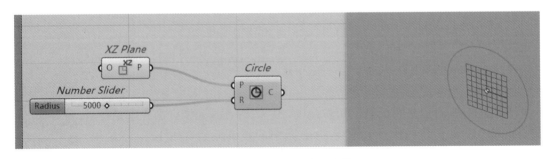

图 1.1-25 借助平面确定圆的位置

本部分详细操作见视频 102 Plane 介绍。

102 Plane介绍

9. Domain

GH 中，几何图形的背后是数据。对几何图形的处理，其实就是对数据的处理。在 GH 中，设计师因为项目的某种需求所限，希望自己的数据设定在一个范围内，以便更好地进行数据的处理，区间就应运而生了。

对于简单的线而言，它有一维区间；对于面而言，它有二维区间。因此，当一个几何图形不是无限扩张的时候，那它一定有区间，就是所谓的有始有终。

图 1.1-26 是最简单的一维区间的生成和分解。

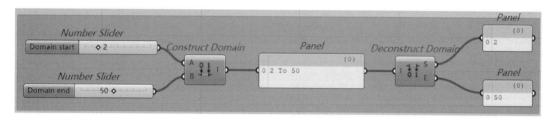

图 1.1-26 一维区间的生成和分解

图 1.1-27 是最简单的二维区间的生成和分解。

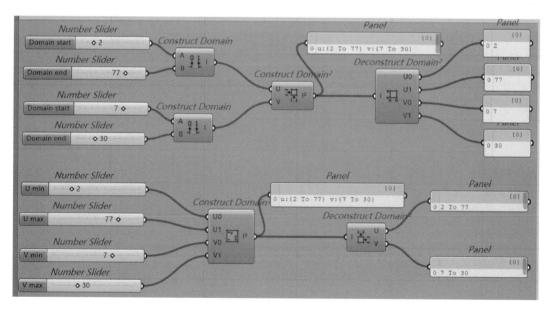

图 1.1-27 二维区间的生成和分解

在实际项目中，区间的应用和平面类似，不是设计师的终极目标，它更多地应用在对图形的生成和分解中。

图 1.1-28 所示为利用区间进行矩形平面的创建，读者留意两个方向都是一维区间。

图 1.1-29 所示在线中找目标点，这里我们对它的范围进行归一化处理，区间变为0-1，以方便查找。

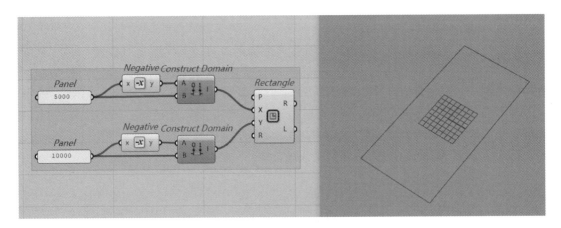

图 1.1-28　利用区间对矩形平面进行创建

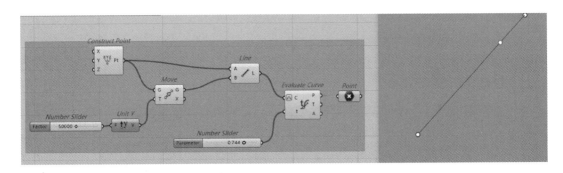

图 1.1-29　线中找目标点

图 1.1-30 是对曲面进行分割，为二维区间的简单应用。

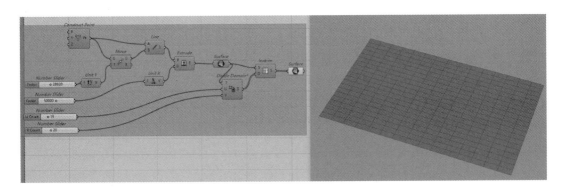

图 1.1-30　对曲面进行分割

本部分详细操作见视频 103 Domain 介绍。

103 Domain介绍

1.2　悬挑大雨篷结构参数化建模思路

1.2.1　案例背景

此案例是本书第一个参数化建模的案例，旨在带领大家从最简单的参数化建模入手，初步感受参数化的魅力，建立学习参数化的信心。

本案例根据某实际项目进行改编而成。关于本案例计算分析部分的内容，可以阅读本丛书中笔者所著《迈达斯 midas Gen 结构设计入门与提高》一书中的相关内容，本书仅以此案例介绍参数化建模的知识。

基本项目信息：北京某商务中心写字楼，结构形式为框架-剪力墙结构，在首层大堂入口处，要做一个悬挑长度为 10m 的钢结构雨篷，结构层高为 4.2m。

图 1.2-1 为主体结构相关范围的截面尺寸信息，填充区域为悬挑雨篷设计范畴。

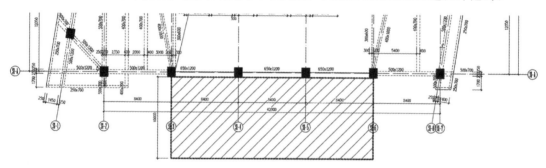

图 1.2-1　悬挑雨篷案例几何参数

1.2.2　建模思路

结构模型创建的过程其实就是结构概念具体化的过程。悬挑跨度达到 10m，靠一般的实腹式钢梁是无法实现的。原因是随着跨度的增大，端部的挠度是一个控制因素；而对雨篷来说，减小挠度的方法是增加截面刚度或者增加支座约束。

因此，读者可以很自然地想到增设拉压杆，从图中的四根框架柱伸出四道主梁，主梁上部增设拉压杆构成受力骨架，主梁之间通过次梁进行连接，构成雨篷的整体结构模型。

下面，我们就带着读者从最基本的电池入手，进入丰富多彩的参数化世界。

1.3　悬挑大雨篷结构 Grasshopper 软件建模实际操作

1.3.1　基础实际操作过程

基础实际操作过程重点在案例操作中体会一些电池组的用法，同时体会参数化建模中逻辑思维的重要性。

1. 主体结构立柱定位

关键操作：坐标——点（四个），如图 1.3-1 所示。

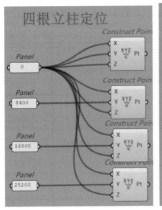
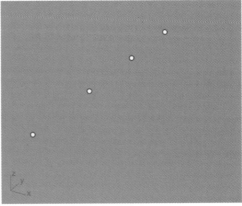

图 1.3-1　立柱坐标点

◇ 关键电池 Construct Point 介绍：

用途：点的生成，对结构专业来说，严谨的几何数据很重要，而点是最基本的几何元素。

输入端：

X：X 坐标值

Y：Y 坐标值

Z：Z 坐标值

输出端：

Pt：创建点

1 主体结构
立柱定位

本部分详细操作见视频 1 主体结构立柱定位。

2. 悬挑主体钢梁创建

关键操作：柱节点→移动复制→两点连线，如图 1.3-2 所示。

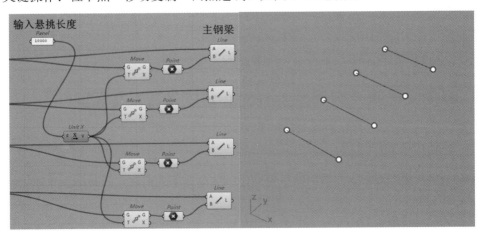

图 1.3-2　主钢梁创建

◇ 关键电池 Move 介绍：

用途：移动命令类似 CAD 的复制，几何图形可以是点、线、面、体。

输入端：

G：几何图形（本案例为点）

T：移动向量（xyz）

输出端：

G：移动后几何图形（本案例为点）

X：变动数据

◇ 关键电池 Line 介绍：

用途：两点连线。

输入端：

A：直线的起点

B：直线的终点

输出端：

L：两点连接成的直线

本部分详细操作见视频 2 悬挑主体钢梁创建。

2 悬挑主体
钢梁创建

3. 悬挑主体一级次梁创建

关键操作：主梁等分→两点连线，如图 1.3-3 所示。

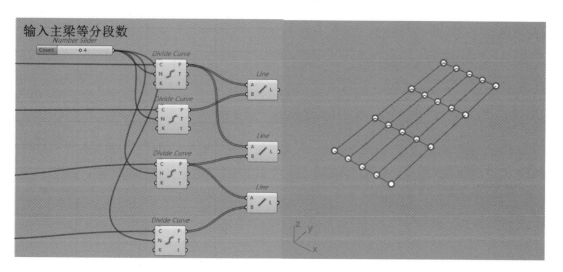

图 1.3-3　悬挑主体一级次梁创建

◇ 关键电池 Divide Curve 介绍：

用途：曲线等分的利器，在结构设计参数化建模中经常使用。

输入端：

C：曲线（直线也是特殊的曲线）

N：等分段数（比如主梁分成几道次梁就是几等分）

K：是否在角点处生成点（即凸点处是否生成点，一些有拐角的曲线会用到）

输出端：

P：点（最常用的输出端）

T：等分点的切线方向（异形结构中偶尔涉及）

t：等分点的参数 t 值（t 值是曲线的一个重要参数）

本部分详细操作见视频 3 悬挑主体一级次梁创建。

3 悬挑主体
一级次梁创建

4. 悬挑主体二级次梁创建

关键操作：次梁等分→掐头去尾→翻转序列→多段线生成分解，如图 1.3-4 所示。

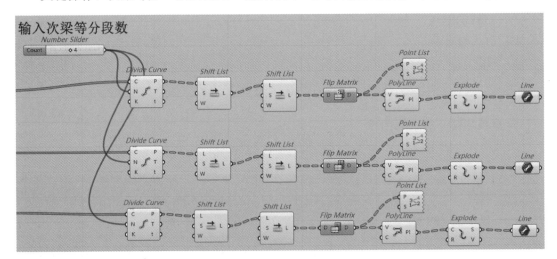

图 1.3-4　悬挑主体二级次梁创建

在此过程中，我们用到前面熟悉的分割曲线的电池，第一次用到了对数据处理的电池，新学的朋友可能有些难度。下面，我们先熟悉一下这几个与数据处理相关的电池用法。

◇ 关键电池 Shift List 介绍

用途：列表推移。节点处理的利器，结构设计中很多由线分割的点要进行处理，在

GH 中就是对数据列表的处理。

输入端：

L：数据的列表（本案例中分割的点的集合）

S：推移的长度（S 为正数时，向上推移，S 为负数时，向下推移。本案例中 1 就是向上走，去掉头部数据，－1 就是向下走，去掉末尾数据）

W：是否循环数据列表（W 端为 True 时，移动后的数据依次移动到开头（或结尾）；W 端为 False 时，删除移动后的数据。本案例因为要去除头尾两个点，因此我们通过此处操作实际上就是删除这两个点！）

输出端：

L：推移后的数据列表集合

◇ 关键电池 Point List 介绍

用途：显示点的序号，其实就是让设计师随时随地掌握数据的变化动态，知道名称的变化就知道点的处理是否符合自己的预期。

输入端：

P：点（本案例分割的点）

S：大小（自己观察需求确定，显示问题，不涉及运算）

◇ 关键电池 Flip Matrix 介绍

用途：翻转矩阵数据（这个在结构设计参数化建模中经常用到，如本案例）

输入端：

D：数据（就是要翻转的数据）

输出端：

D：翻转后的数据（就是翻转后的数据）

下面，结合图 1.3-5 体会本案例数据翻转的乐趣。

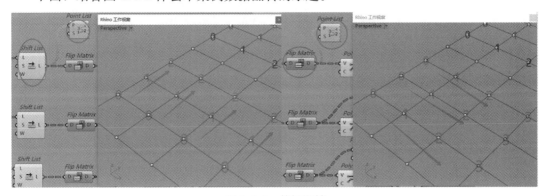

图 1.3-5　数据翻转

◇ 关键电池 PolyLine 介绍

用途：按点连成线

输入端：

V：点（本案例中的点 0，1，2）

C：是否闭合（曲线特别注意，一般不闭合）

输出端：

PI：连成一根线（本案例的二级次梁雏形就此搭建完毕）

◇ 关键电池 Explode 介绍

作用：对线进行分解（一般与电池 PolyLine 连用，按其上的点进行分解）

输入端：

C：曲线（本案例的电池 PolyLine 生成的线）

R：是否完全将曲线炸开（默认 True 即可）

输出端：

S：炸开后的曲线段（本案例的四根二级次梁）

V：曲线的分段点（本案例连接二级次梁的点位）

到此为止，二级次梁搭建完毕。

本部分详细操作见视频 4 悬挑主体二级次梁创建。

4 悬挑主体
二级次梁创建

5. 拉压杆创建

关键操作：建立拉压杆顶部端点→建立拉压杆底部端点→拉压杆连线，如图 1.3-6 所示。

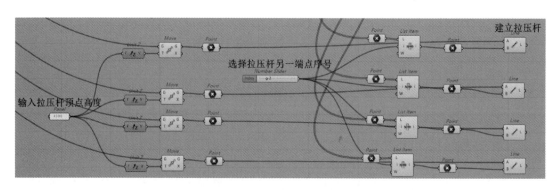

图 1.3-6　拉压杆创建

◇ 关键电池 List Item 介绍

作用：一系列数据点中根据列表序号提取点位（本案例就是拉压杆另一个端点的选择）

输入端：

L：数据列表（本案例五个点）

i：数据的序号值（本案例五个点的序号为 0，1，2，3，4）

W：是否循环取值（默认是 True 状态，本案例五个序号 0，1，2，3，4，如果输入 5，循环就是对应 0；输入 6，循环对应 1，以此类推）

输出端：

i：列表内对应序号的数据点位（就是本案例序号背后的点）

至此，拉压杆创建完毕。

本部分详细操作见视频 5 拉压杆创建。

6. 杆件整理导出

关键操作：各级杆件汇总→bake 导出，如图 1.3-7 所示。

5 拉压杆创建

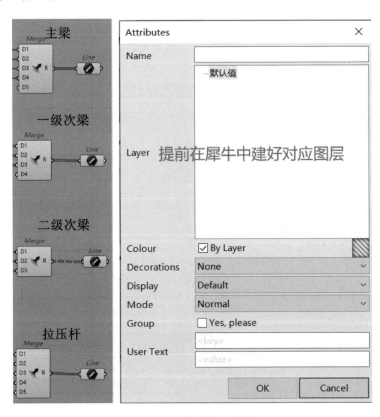

图 1.3-7　杆件整理导出

◇ 关键电池 Merge 介绍

作用：数据的合并（本案例就是各级杆件的合并，方便导出杆件整理）

输入端：

D1：数据 1（比如，本案例的拉压杆 1）

D2：数据 2（比如，本案例的拉压杆 2）

输出端：

R：合并后的数据（将同类杆件合并在一起）

这里，读者需要注意一个小技巧，也是所有参数化电池可以使用的。放大电池，比如本电池，如图 1.3-8 所示。

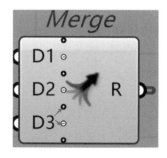

图 1.3-8　放大电池

电池中的加号和减号意义很简单，就是增加或者删除数据。

Bake 之后，导出为 CAD 的 dxf 文件；之后，导入有限元软件即可进行计算分析。

本部分详细操作见视频 6 杆件整理导出。

6 杆件整理导出

1.3.2　模型改进

1. 基础模型操作的反思

1.3.1 节详细介绍了本案例的建模过程，图 1.3-9 是此案例的所有电池。

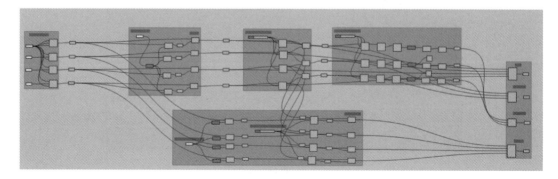

图 1.3-9　所有电池

读者可能会有这样的体会，在图 1.3-9 中电池种类其实不多，但是重复率很高，这里要告诉大家两点：

1）参数化建模其实就是设计师逻辑思维的体现，不难发现，其实我们需要把控的是输入端和输出端，中间部分在调试完毕后，可以进行封装处理，以便后续的修改操作。

2）从现在开始，读者一定要体会数据的处理。一个是数据列表，一个是多个列表的数据。后面章节中，我们会逐步引入更多数据处理的电池组。

封装之后的效果如图 1.3-10 所示。总体分三块：左边是输入端，右边是输出端，中间是计算过程。也就是"黑匣子"，供参数化建模人员自己进行编辑。

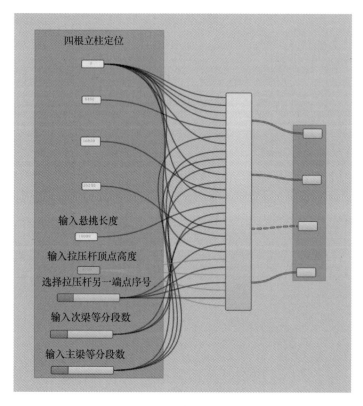

图 1.3-10　封装之后的效果

2. 黑匣子的升级

在上一节中，我们进行了封装操作，如果读者跟着我们的思路一步一步进行了操作，一定会发现黑匣子里的电池太过冗余。这其实某种程度上告诉每一位读者，参数化水平的高低主要体现在黑匣子里面的内容。

实现同样的效果，有的参数化电池简洁明了，计算输出图形的时间很短，但是有的却相反。就好比计算软件，某国产软件的树形菜单仿照国外的软件，外观几乎一样，但是操作起来，反应慢半拍，原因就在于黑匣子里的程序处理效率的问题。

此部分内容旨在提出问题，就是此案例的电池完全可以进一步优化，读者可以在随后的学习积累中，再回过头来看自己的电池，会有不一样的收获。

1.4 悬挑大雨篷结构 Grasshopper 建模小结

本章是全书的入门章节，旨在帮助读者初步通过案例体会参数化的魅力，同时找到学习参数化结构设计建模的信心。后面章节，我们会用各种空间结构形式的模型案例来继续带着大家深入体会参数化建模的魅力！

第2章

网架结构参数化设计

2.1 网架结构参数化建模思路

2.1.1 案例背景

网架是空间结构中经常遇到的一类钢结构，它的特点是格构化的网格。平板网架（图 2.1-1）又是实际项目中经常遇到的。本案例就从最常见的平板网架出发，带着读者进一步通过平板网架的案例，来解决这一类的网架参数化建模问题。

图 2.1-1 平板网架

2.1.2 建模思路

空间结构的建模思路大体分两类：一类是先建典型小单元，然后复制成整体结构；另一类是根据外观进行划分小单元的思路。本案例，我们先从第一类基本思路入手进行介绍。

2.2 网架结构 Grasshopper 软件建模实际操作

2.2.1 基础实际操作过程

本节我们从最简单的一个单元开始，过渡到整个平板网架。

1. 基础参数数据的输入

关键操作：X、Y 两个方向网格长度→网架高度→X、Y 两个方向网格数，如图 2.2-1 所示。

图 2.2-1　基础参数数据的输入

◇ 关键电池 Number Slider 介绍

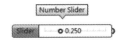

用途：拖动数据。

此电池 GH 最常用的运算器之一，双击电池更改数值，右键电池弹出菜单可以对其进行快速调节。点进菜单里的 edit，可以进行详细的调节。

本部分详细操作见视频 7 基础参数数据的输入。

7 基础参数
数据的输入

2. 上弦单元网格的创建

关键操作：四个单元点创建→上弦杆件连线→Merge 汇总上弦单元，如图 2.2-2 所示。

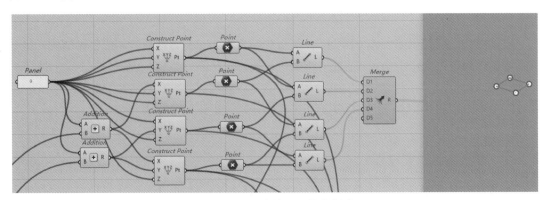

图 2.2-2　上弦单元网格的创建

◇ 关键电池 Addition 介绍

　　作用：加法运算（原点和输入端数据加法运算，得到上弦杆件单元节点）

　　输入端：

　　A：第 1 个加数

　　B：第 2 个加数

　　（以此类推，放大点击加号，可以继续增加数字，如图 2.2-3 所示）

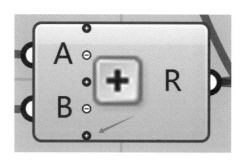

图 2.2-3　关键电池 Addition 加法运算

8 上弦单元
网格的创建

　　输出端：

　　R：相加运算的结果（本案例的三个点）

本部分详细操作见视频 8 上弦单元网格的创建。

3. 斜腹杆单元网格的创建

　　关键操作：中心点创建→斜腹杆交点创建→斜腹杆连线→Merge 汇总斜腹杆单元，如图 2.2-4 所示。

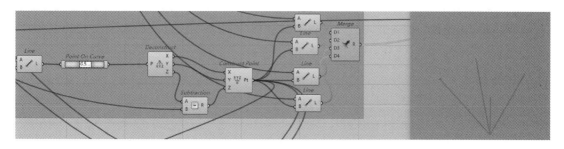

图 2.2-4　斜腹杆单元网格的创建

◇ 关键电池 Point On Curve 介绍

　　作用：提取曲线上的点（本案例为中点，实际项目经常用它提取等分点）

　　输入端：

　　曲线（要提取的曲线）

　　输出端：

　　曲线上的点（输出目标点，本案例为等分中点）

　　注意：此电池是按照曲线的长度比例来提取点，与控制点无关。当为 0.5 时是曲线的中点，分开的两段曲线段长度相等。

27

◇ 关键电池 Construct Point、Deconstruct 介绍

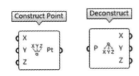

首先是 Construct Point。

作用：建立一个空间的点

输入端：

X：X 坐标值（空间点的位置坐标）

Y：Y 坐标值（空间点的位置坐标）

Z：Z 坐标值（空间点的位置坐标）

输出端：

Pt：创建的点

其次是 Deconstruct 电池，它与 Construct Point 电池是相反的作用。

作用：分解一个点，以坐标的形式输出

输入端：

P：要分解的点

输出端：

X：X 坐标值（空间点的位置坐标）

Y：Y 坐标值（空间点的位置坐标）

Z：Z 坐标值（空间点的位置坐标）

本部分详细操作见视频 9 斜腹杆单元网格的创建。

9 斜腹杆单元
网格的创建

4. 下弦杆单元网格的创建

关键操作：下弦杆四个角点创建→下弦杆连线→Merge 汇总下弦杆单元，如图 2.2-5 所示。

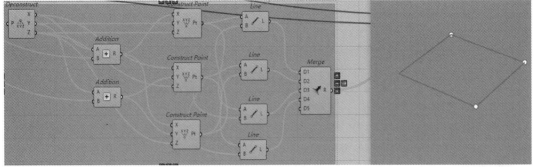

图 2.2-5　下弦杆单元网格的创建

本部分详细操作见视频 10 下弦杆单元网格的创建。

5. 由单元网格到整体网架的创建

关键操作：矩形阵列，如图 2.2-6 所示。

10 下弦杆单元
网格的创建

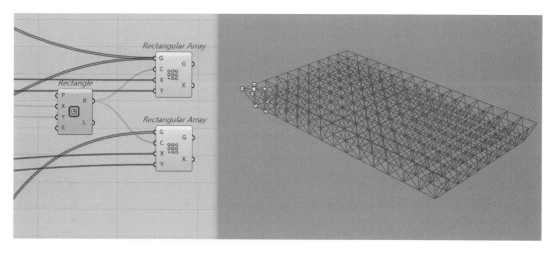

图 2.2-6　矩形阵列

◇ 关键电池 Rectangle 介绍

作用：创建矩形的电池（本案例是采用其进行阵列操作，其他实际项目中根据情况，也会使用矩形进行平面创建等）

输入端：

P：平面（决定创建的矩形所在的平面，默认的是 XY 平面，实际项目可以灵活运用调整）

X：X 方向的矩形长度（本案例借助矩形进行阵列操作，这里输入的是 X 方向的步长，就是 X 方向的单元格长度）

Y：Y 方向的矩形长度（本案例借助矩形进行阵列操作，这里输入的是 Y 方向的步长，就是 Y 方向的单元格长度）

R：倒角半径（很少用）

输出端：

R：矩形

L：矩形的周长

◇ 关键电池 Rectangle Array 介绍

作用：矩形阵列（本案例由单元格扩展成平板网架的核心就是此电池）

输入端：

G：几何图形（本案例的单元格）

C：阵列的单元矩形（本案例单元格沿着两个矩形的两个方向进行阵列，这里尺寸很重要）

X：X方向矩形阵列的个数（本案例决定单元格的数量）

Y：Y方向矩形阵列的个数（本案例决定单元格的数量）

输出端：

G：阵列后的几何图形（本案例的平板网架）

X：变动的数据（实际项目很少用）

本部分详细操作见视频11由单元网格到整体网架的创建。

11 由单元网格到整体网架的创建

6. 杆件整理导出

关键操作：各级杆件汇总→bake 导出，如图 2.2-7 所示。

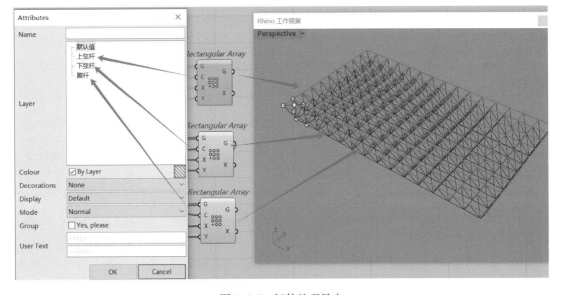

图 2.2-7　杆件整理导出

　　注意：不同的杆件对应不同的图层，这点意识贯穿于结构建模的各类软件当中，图层清楚明了，在后续结构计算时会起到事半功倍的效果。

　　本部分详细操作见视频 12 网架杆件整理导出。

12 网架杆件整理导出

2.2.2　网架的另一种建模方法

　　随着社会的发展，人们对建筑品质需求的提升，建筑师对网架的要求不再局限于平面，而是曲面。如果用 2.2.1 节的思路进行曲线类网架的创建，无疑会打击读者学习参数化的信心。本节我们从另一个思路，对曲线类的网架建模进行实际操作。

1. 曲面网架基准线的创建

本步操作采用的是原始的基准线建立的方法，目的是让读者掌握最基本的电池组和参数化建模思路，后面我们推荐大家采用建筑提供的基准线直接拾取的方法。

关键操作：曲线关键点创建→由点连线，如图 2.2-8 所示。

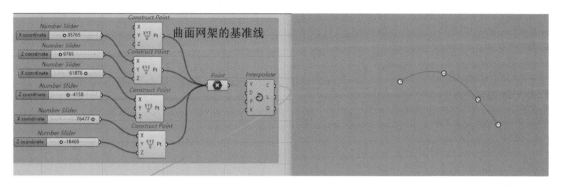

图 2.2-8　曲面网架基准线的创建

◇ 关键电池 Interpolate 介绍

作用：根据内插点创建曲线（本案例网架的基准线）

输入端：

V：点（曲线的内插点）

D：曲线的阶数（曲线的阶数＝控制点的个数－节点的个数＋1；对于一般曲线来讲，由于只有首尾 2 个节点，它的阶数＝控制点个数－1，比如直线为 1 阶（2－2＋1），抛物线与圆弧为 2 阶（3－2＋1），自由曲线为 3 阶（4－2＋1））

P：曲线是否闭合（一般项目基准线不闭合）

K：节点样式（一般有均匀（Uniform Spacing）、弦长（Chord Spacing）、弦长平方根（SqrtChord Spacing）三种节点样式，不同的样式决定了节点之间的不同参数间距。节点样式默认设置为 K＝1（弦长），读者推荐设置为 K＝0（均匀），这样得到的曲线更为均匀、简洁）

输出端：

C：生成的曲线（最主要的结果）

L：曲线的长度

D：曲线的区间

本部分详细操作见视频 13 曲面网架基准线的创建。

13 曲面网架
基准线的创建

2. 曲面网架基准面的创建

关键操作：基准线→输入网架长度→拉伸→基准面，如图 2.2-9 所示。

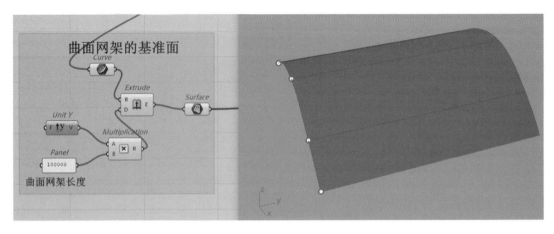

图 2.2-9　曲面网架基准面的创建

◇ 关键电池 Extrude 介绍

作用：由低维度图形挤出高维度图形（本案例借助此电池由基准线拉伸成基准面）

输入端：

B：输入的低维度图形

D：向量（本案例中的 Y 向，网架的长度方向）

输出端：

E：生成的曲面或多重曲面（本案例重点生成基准面）

本部分详细操作见视频 14 曲面网架基准面的创建。

14 曲面网架
基准面的创建

3. 上弦单元格划分

关键操作：选择基准面→输入网格数→划分上弦单元格，如图 2.2-10
所示。

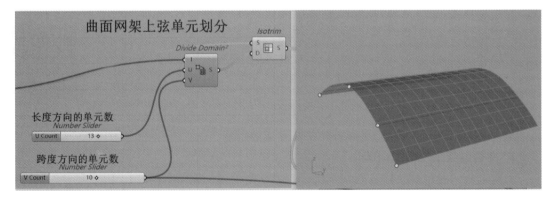

图 2.2-10　上弦单元格划分

◇ 关键电池 Divide Domain^2 介绍

作用：二维区间等分（主要针对曲面，对本案例曲面的两个方向进行等分）

输入端：

I：二维区间（接入曲面）

U：U 区间的等分数

V：V 区间的等分数

输出端：

S：等分后的二维区间（本案例就是划分网格曲面）

◇ 关键电池 Isotrim 介绍

作用：按区间修剪曲面（本案例用来提取修建的曲面）

输入端：

S：曲面（本案例的基准面）

D：曲面的 UV 参量区间（Divide Domain^2 得到的二维区间）

输出端：

S：提取区间部分的曲面（本案例的上弦网格曲面）

这里，要特别提醒读者，电池 Divide Domain^2 和电池 Isotrim 就是孪生兄弟，如同左手和右手，在实际项目中经常联合使用。

本部分详细操作见视频 15 上弦单元格划分。

15 上弦
单元格划分

4. 生成上弦杆件

关键操作：选择上弦单元格→提取单元格边线，如图 2.2-11 所示。

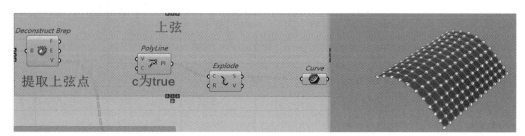

图 2.2-11　生成上弦杆件

◇ 关键电池 Deconstruct Brep 介绍

作用：拆解图形（本案例主要用来进行曲面网格的拆解，得到每个网格的边线，即为上弦杆件）

输入端：

B：图形（本案例的上弦单元格）

输出端：

F：拆解的面（经常用于体的拆分）

E：拆解的边线（本案例上弦杆件）

V：拆解的点（本案例每个单元格的点）

本部分详细操作见视频 16 生成上弦杆件。

16 生成上弦杆件

注意此电池在结构设计参数化建模中经常用到。为了更清楚地了解此电池，读者可以查看图 2.2-12 的典型长方体小案例，体会此电池的用法。

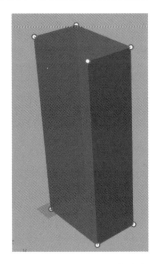

图 2.2-12　典型长方体案例

图 2.2-13 为长方体分解的电池组合。

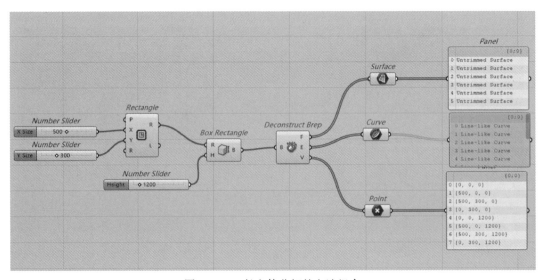

图 2.2-13　长方体分解的电池组合

本部分详细操作见视频 17 长方体分解的电池组合。

5. 下弦杆件中心点

关键操作：上弦单元格中心点提取→沿着特定向量移动→下弦网格节点，如图 2.2-14 所示。

17 长方体分解
的电池组合

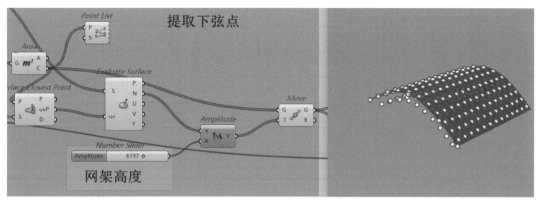

图 2.2-14　下弦杆件中心点

◇ 关键电池 Area 介绍

作用：计算图形的面积和中心点（本案例主要用来提取网格中心点）

输入端：

G：曲面或者闭合的多段线（本案例就是上弦单元格）

输出端：

A：面积（单元格的面积）

C：中心点（本案例用到的目标点，为生成下弦点做准备）

◇ 关键电池 Polygon Center 介绍

作用：提取多边形的中心点

输入端：

P：需要提取中心点的多边形

输出端：

Cv：顶点平均值的中心点

Ce：边平均值的中心点

Ca：面积的中心点（与电池 Area 的中心点一样）

注意：电池 Polygon Center 在本案例中没有用到，这里介绍给读者有两个原因：一个是此电池是针对闭合线而言，如果是正多边形，三个输出端结果一样；另一个原因是如果同样提取闭合多边形的中心点，电池 Polygon Center 速度更快。

◇ 关键电池 Surface Closest Point 介绍

作用：找点在曲面上的最近点（实际项目中与 Evaluate Surface 电池连用）

输入端：

P：点（本案例的中点）

S：曲面（目标曲面，本案例的上弦单元格）

输出端：

P：最近的点（可以理解为做垂线，与曲面的交点）

uvP：最近的点在曲面上的 uv 值（本案例需要提取的值）

D：点到最近点的距离

◇ 关键电池 Evaluate Surface 介绍

作用：求曲面的法向量

输入端：

S：曲面（本案例的上弦单元网格）

uv：曲面上点的 uv 值（本案例通过 Surface Closest Point 电池得到的 uv 值）

输出端：

P：点的坐标

N：法向量（本案例需要的向量，根据此向量为下一步移动做准备）

U：U 方向的向量

V：V 方向的向量

F：切平面（它以 U 方向为 Y 轴）

◇ 关键电池 Vector Display 介绍

作用：用来进行向量的显示

输入端：

A：向量的起始点

V：要显示的向量

本案例可以借助此电池来显示向量，观察生成的点是否感官上符合目标需求，如图 2.2-15
所示。

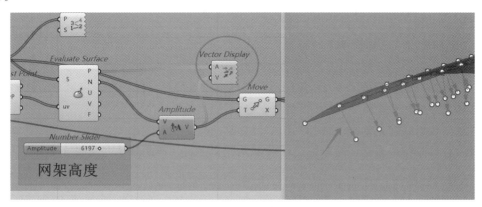

图 2.2-15　关键电池 Vector Display

◇ 关键电池 Amplitude 介绍

作用：将长度赋值给指定向量生成新向量

输入端：

V：输入待赋值的向量

A：长度值（本案例为网架高度）

输出端：

V：输出的新向量（为移动生成下弦点准备）

本部分详细操作见视频 18 下弦杆件中心点。

18 下弦杆件
中心点

6. 生成腹杆

关键操作：生长树→两点连线生成腹杆，如图 2.2-16 所示。

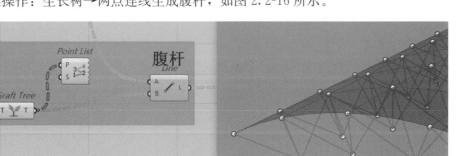

图 2.2-16　生成腹杆

◇ 关键电池 Graft Tree 介绍

作用：数据结构增加一级

输入端：

T：原始数据（本案例的下弦杆件）

输出端：

T：增加一级后的数据（本案例数据升级后的下弦杆件）

本部分详细操作见视频 19 生成腹杆。

19 生成腹杆

注意：数据结构是结构设计师入门 GH 之后决定参数化水平高低的一个重要标志，目前阶段读者只需初步感受，待有了几章的案例积累之后，再阅读第 8 章关于数据结构的知识内容。

下面我们以一个小案例感受一下 Graft Tree。

图 2.2-17 是两个矩形四个角点一一对应的连接方法，读者仔细体会点序号的连接关系。

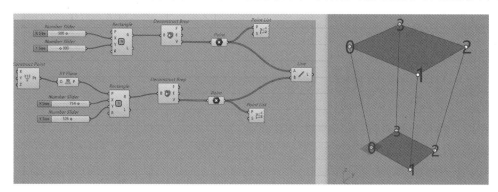

图 2.2-17　两个矩形四个角点一一对应的连接

图 2.2-18 是增加 Graft Tree 电池之后四个角点的连接方法，读者仔细体会点序号的连接关系。

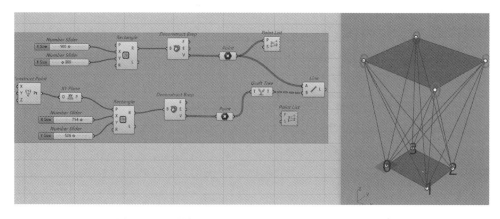

图 2.2-18　增加 Graft Tree 电池之后四个角点的连接

本部分详细操作见视频 20 小案例 Graft Tree。

7. 生成下弦杆

关键操作：下弦点处理→分批次连接→生成下弦杆，如图 2.2-19 所示。

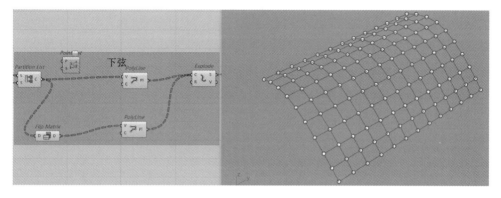

图 2.2-19　生成下弦杆

◇ 关键电池 Partition List 介绍

作用：一般对数据列表进行分块（本案例的下弦点）

输入端：

L：待分块的数据列表（本案例待分块的下弦点）

S：分块后每个块内有几个数据（每块分成几个下弦点）

输出端：

C：分块后的数据列表（本案例分块后的下弦点）

为了更深刻地体会此步的操作，我们借助点标签分块前后的变化来体会此电池。

图 2.2-20 是分块前的列表数据。

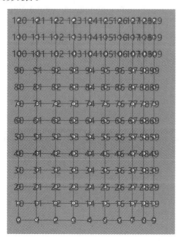

图 2.2-20　分块前的列表数据

图 2.2-21 是分块后的列表数据。

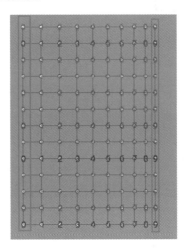

图 2.2-21　分块后的列表数据

从图 2.2-20 和图 2.2-21 可以观察到，虽然点位没有发生变化，但是点位的逻辑归属发生了变化，而对数据的处理是 GH 参数化的核心，读者借助此电池可以进一步感受数据处理的魅力。

合理的分块为下一步下弦杆连接成线打下了坚实的基础。

本部分详细操作见视频 21 生成下弦杆。

最后，我们再进一步拓展一下此电池的功能，上面是十个点为一组进行等分；其实，我们也可以根据需要进行不等分。

图 2.2-22 是简单数列数据进行不等分的例子，读者可以体会实际项目中点位数量不一致的时候，如何进行划分。

21 生成下弦杆

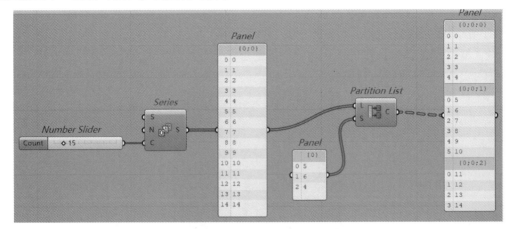

图 2.2-22　简单数列数据进行不等分

本部分详细操作见视频 22 数列数据进行不等分。

22 数列数据
进行不等分

8. 杆件输出

关键操作：删除重合杆件→bake 网架杆件，如图 2.2-23 所示。

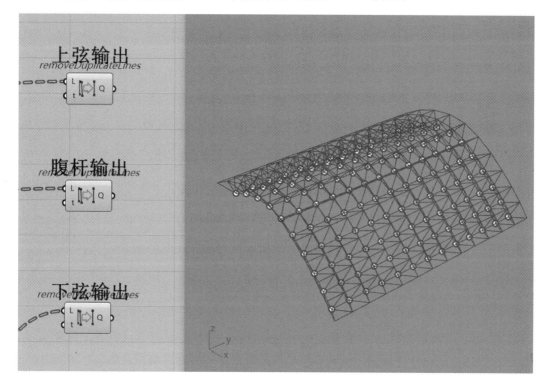

图 2.2-23　杆件输出

◇ 关键电池 removeDuplicateLines 介绍

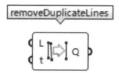

作用：删除重合的直线（本案例重合杆件）

输入端：

L：待删除直线汇总（本案例的网架杆件）

t：公差（对应端点相距的公差之内的直线被判定为重合，默认的数值为 0.01）

输出端：

Q：删除重合直线后的直线汇总（本案例的网架杆件）

此步操作不是必须，但是在实际项目中经常会进行确认，以免在有限元分析时发生计算上的失误。（也有读者习惯在有限元软件中进行删除）

与电池 removeDuplicateLines 类似，下面顺带把删除重合点位的电池进行介绍，方便大家在实际项目中进行应用。

◇ 关键电池 removeDuplicatePts 介绍

作用：删除重合的点

输入端：

P：待删除点汇总

t：公差（在 X、Y、Z 三个方向均相距公差之内的点被判定为重合，默认的数值为
0.01）

输出端：

Q：删除重合点后的点汇总

本部分详细操作见视频 23 杆件输出。

至此，经过以上八步的操作，网架的另一种建模方法已经介绍完毕。

23 杆件输出

2.3 网架结构 Grasshopper 建模小结

本章是针对空间网格结构中的网架结构进行的介绍，两种建模方法均是实际项目中经
常使用的方法。第一种方法偏于基础，简单的平板网架结构可以使用；第二种方法侧重于
整体，复杂的曲面网架结构可以使用。

第3章

网壳结构参数化设计

3.1 网壳结构参数化建模思路

3.1.1 案例背景

网壳同第 2 章的网架一样，是另一种空间结构中经常遇到的结构形式，它的种类繁多，《空间网格结构技术规程》JGJ 7 介绍了四类网壳，分别是单层圆柱面网壳网格（图 3.1-1）、单层球面网壳网格（图 3.1-2）、单层双曲抛物面网壳网格（图 3.1-3）、单层椭圆抛物面网壳网格（图 3.1-4）。

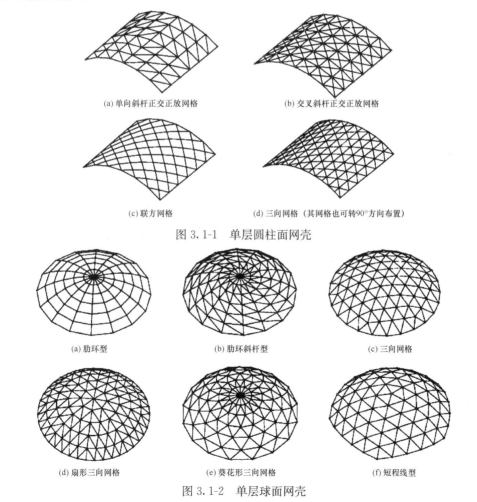

(a) 单向斜杆正交正放网格   (b) 交叉斜杆正交正放网格

(c) 联方网格   (d) 三向网格（其网格也可转90°方向布置）

图 3.1-1　单层圆柱面网壳

(a) 肋环型   (b) 肋环斜杆型   (c) 三向网格

(d) 扇形三向网格   (e) 葵花形三向网格   (f) 短程线型

图 3.1-2　单层球面网壳

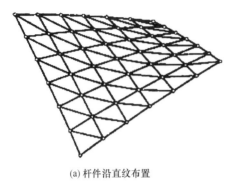

(a) 杆件沿直纹布置

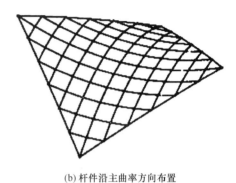

(b) 杆件沿主曲率方向布置

图 3.1-3　单层双曲抛物面网壳

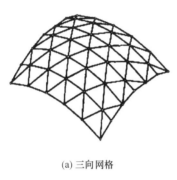

(a) 三向网格

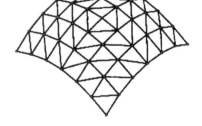

(b) 单向斜杆正交正放网格

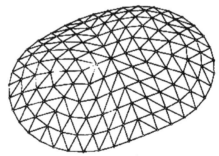

(c) 椭圆底面网格

图 3.1-4　单层椭圆抛物面网壳

从图 3.1-1～图 3.1-4 所列举的常见的网壳形式可以发现，它们在某种程度上有很多相似之处，有规律可循。本书不对它的力学特性进行过多分析，这里要告诉读者的是：凡是有规律的东西，一定是可以用参数化来表达的。

本章下面的建模实际操作部分，我们以单层球面网壳网格中的扇形三向网格为例（图 3.1-5），给大家介绍网壳结构参数化建模的一些常见流程，然后举一反三，读者可以将其他类型的网壳结构进行参数化设计。

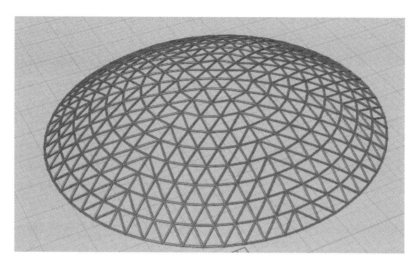

图 3.1-5　扇形三向网格

3.1.2　建模思路

　　网壳类的空间建模重点是要理清每种网壳的数学逻辑关系，比如球形网壳，它的本质实际上依附于球面表面的一部分，这一部分的大小其实取决于网壳的高度。它与球面的几何尺寸关系如图 3.1-6 所示。

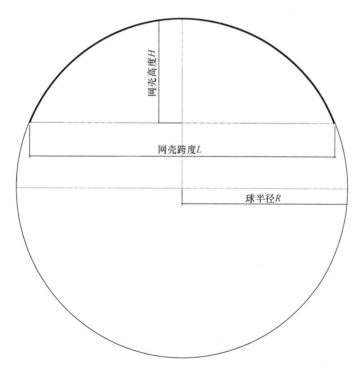

图 3.1-6　球面与网壳的几何关系

因此，无论是何种类型的球形网壳，都可以将它的表皮依附于球面表面，这是球形网壳的几何本质。知道了这个本质，球形网壳的各种类型可以通过调整杆件之间的连接来实现。

到这里，我们关于网壳的建模思路已经很清楚了。总的来说，就是：找球形网壳的球面→根据球形网壳类型确立主要杆件→进一步通过数据变换连接杆件。

需要提醒读者的是，在参数化建模的过程中，读者要有一个投影的概念。这个概念其实在第 2 章网架结构设计中已经有所体现，读者可以翻阅 2.2.2 节第 5 部分的内容，体会当时点的投影。这个概念在网壳部分会进一步体现。

通俗而言，我们结构设计的杆件建模可以在我们熟悉的平面内进行创建，而大部分设计师习惯于在平面上操作，不是曲面上操作。平面杆件到曲面杆件的变化可以通过投影来实现。注意是曲面杆件，不是曲线杆件。

此部分建模思路的介绍就到此为止，接下来就要进入建模实际操作的部分了。

3.2 网壳结构 Grasshopper 软件建模实际操作

3.2.1 基础实际操作过程

本节我们从球面建模开始过渡到网壳表皮模型，再到网壳杆件的建模。

1. 几何参数的创建

关键参数：跨度、矢高、扇面数、环数。

此部分参数是参数化建模的输入部分，方便后期调整，一般通过 Number Slider 电池来实现，如图 3.2-1 所示。

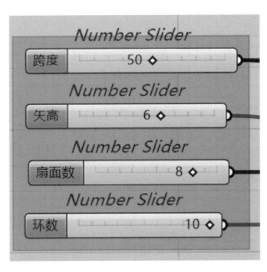

图 3.2-1　几何参数

本部分详细操作见视频 24 几何参数的创建。

2. 球面的创建

关键步骤：确定球面半径→创建球面，如图 3.2-2 所示。

24 几何参数
的创建

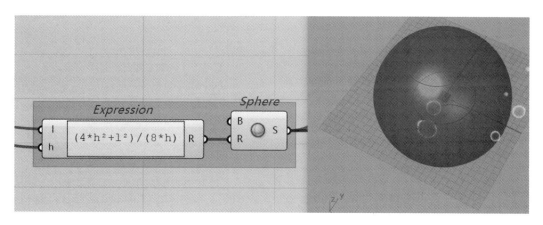

图 3.2-2　球面创建

◇ 关键电池 Expression 介绍

作用：函数的表达式（本案例主要用来根据已知网壳参数求解球面半径）

输入端：

x：变量 x

y：变量 y

输出端：

R：函数计算的结果（球面的半径）

扩展1

输入端的参数不止 x 和 y 两个，随着实际项目的需要，放大电池，读者可以自行继续添加或者删除，如图 3.2-3 所示。

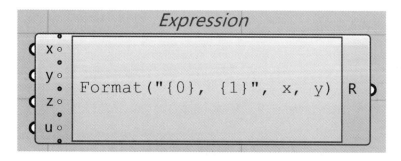

图 3.2-3　Expression 的参数增减

扩展2

双击电池中间区域，可以进行函数输入，尤其注意右上角 f：N-R，点击可以看到所有的函数汇总，如图 3.2-4 所示。

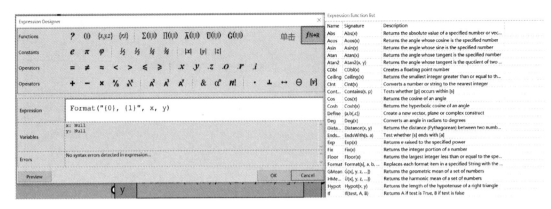

图 3.2-4　Expression 的函数编辑

扩展 3

电池 Expression 的妙用，除了简单的数学运算，其实用得好，可以节约很多时间。下面以 if 函数为例，看看它的妙用。

最简单的需求，输入两个数，输出大值。这个需求读者可以通过其他途径实现，这里我们用此电池，如图 3.2-5 所示。

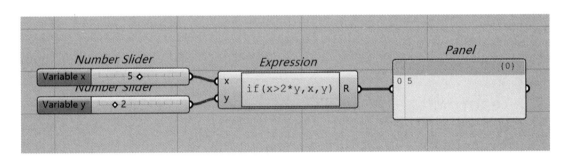

图 3.2-5　电池 Expression 的函数妙用

◇关键电池 Sphere 介绍

作用：生成球面（本案例的网壳需要投影的球面）

输入端：

B：工作平面（一般默认是原点）

R：球面的半径

输出端：

S：生成的球面

扩展：如何快速在指定点生成球面

方法很简单，就是对电池 Sphere 输入端 B 的理解，将球心赋予它即可，如图 3.2-6 所示。

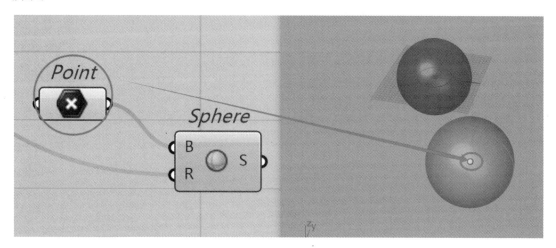

图 3.2-6　快速通过指定点绘制球面

3. 球形网壳轮廓的形成

关键步骤：生成外轮廓线→投影到球面，如图 3.2-7 所示。

注意：本步的重点是方便后面随时查看轮廓。

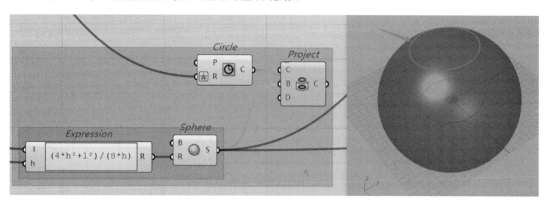

图 3.2-7　球形网壳轮廓投影

本部分详细操作见视频 25 球面的创建。

◇ 关键电池 Project 介绍

25 球面的创建

作用：曲线在曲面的投影（本案例重点在圆投影在球面上得到网壳轮廓线）

输入端：

49

C：待投影的曲线（本案例的圆）

B：曲面（本案例的球面）

D：投影的方向（默认为世界坐标系 Z 轴的方向。注意这里的方向没有正负，沿方向轴都可以投影，本案例得到两条轮廓线。）

输出端：

C：投影得到的曲线（本案例球形网壳轮廓线）

本部分详细操作见视频 26 球形网壳轮廓的形成。

26 球形网壳
轮廓的形成

4. 球形网壳扇形单元曲线边的创建

关键步骤：半径线→投影到球面→筛选得到扇形单元曲线边，如图 3.2-8 所示。

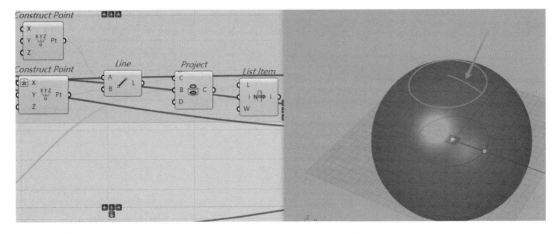

图 3.2-8　扇形单元曲线边创建

此步没有新增电池，关键在于投影得到扇形单元的曲线边，为下一步划分环向单元做准备。

本部分详细操作见视频 27 球形网壳扇形单元曲线边的创建。

27 球形网壳
扇形单元曲线
边的创建

5. 扇形单元关键点创建

关键步骤：等分曲线→环向点提取→生成环向圆→提取扇形单元→扇形单元关键点创建，如图 3.2-9 所示。

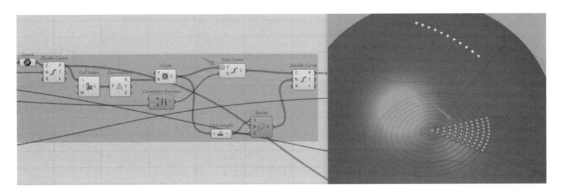

图 3.2-9　扇形单元关键点创建

◇ 关键电池 Sub Curve 介绍

作用：提取曲线中的一段（本案例圆的一部分就是扇形）

输入端：

C：曲线（本案例的圆）

D：待提取的曲线区间（本案例的扇形区间）

输出端：

C：提取的曲线（本案例的扇形）

此步操作读者务必结合 Point list 的电池随时观察点位标签的变化，以正确提取扇形。

本部分详细操作见视频 28 扇形单元关键点创建。

28 扇形单元
关键点创建

扩展

上面的操作是对投影在球面的曲线进行划分调整的，随着读者对参数化的熟悉，此处也可以从非投影在球面的曲线进行划分，比如半径，如图 3.2-10 所示。

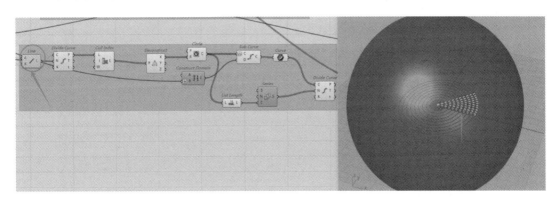

图 3.2-10　扇形单元关键点创建的另一种方法

本部分详细操作见视频 29 扇形单元关键点创建扩展。

6. 扇形单元关键点的处理

关键步骤：投影关键点→关键点处理

本步是处理扇形单元关键点最重要的一步，涉及数据处理的知识，我们需要重点了解数据处理相关的电池。

29 扇形单元
关键点创建扩展

◇ 关键电池 Project Point 介绍

作用：点投影到指定物体上（本案例将平面扇形上的关键点投影到球面得到关键点）

输入端：

P：点（本案例待投影的点）

D：投影的方向（本案例 z 轴正向）

G：要投影的物体（本案例的球面）

输出端：

P：得到的投影点（本案例球面上的点）

I：投影物体的序号（一般用得比较少，读者可以自行体会）

扩展：

这里对投影点进行简化处理，通俗而言就是数据的树杈太烦琐，需要进行修剪。

图 3.2-11 为修剪前的数据。

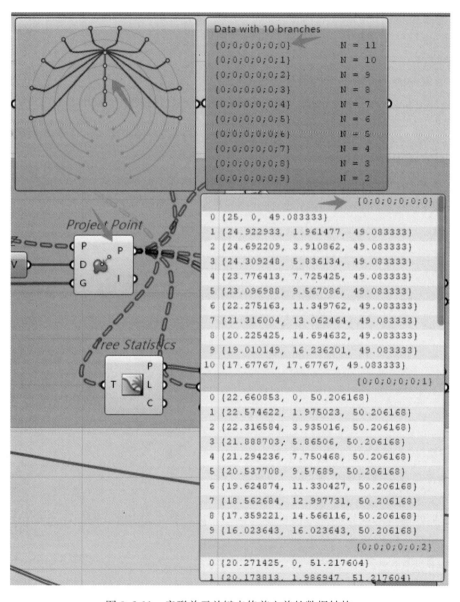

图 3.2-11　扇形单元关键点修剪之前的数据结构

图 3.2-12 为修剪后的数据。

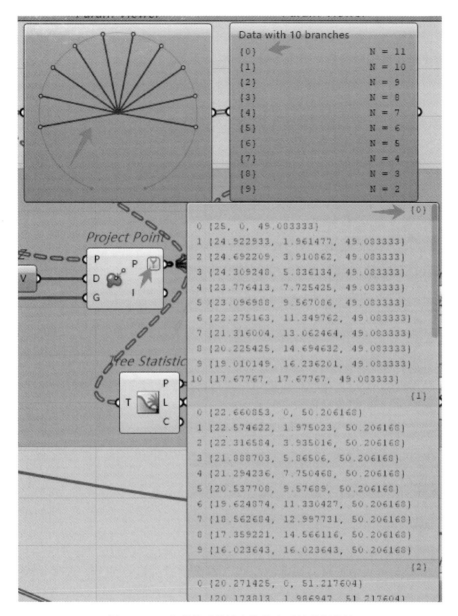

图 3.2-12 扇形单元关键点修剪之后的数据结构

◇ 关键电池 Tree Statistics 介绍

作用：对数据的结构进行统计

输入端：

T：数据（本案例中投影到球面的关键点）

输出端：

P：数据路径的名称（就是树杈的名称）

L：每个路径的数据个数（每个树杈上树叶的个数）

C：总的路径个数（多少个树杈）

扩展

本案例借助 Panel 电池读者体会三个输出端的内容，在实际项目中经常用到此电池。图 3.2-13 为此案例关键点的数据内容。

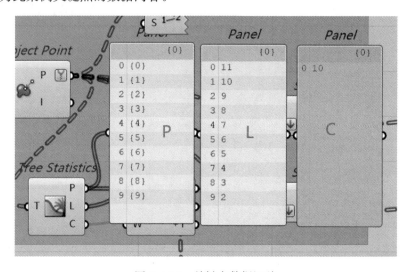

图 3.2-13　关键点数据汇总

◇ 关键电池 Split Tree 介绍

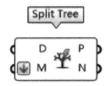

作用：从众多树杈中分割出指定的树杈（本案例对关键点划分，以便后续进行杆件连接）

输入端：

D：待分割的树杈

M：要抽离的树杈名

输出端：

P：抽离的树杈

N：剩余的树杈

扩展

本案例对树杈进行分割的目的是为下一步杆件连接做准备，图 3.2-14 是树杈分割的详细过程，读者在操作中体会数据的分离变换。

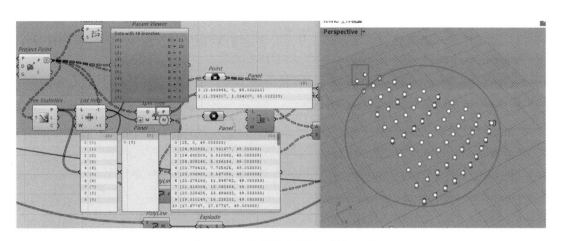

图 3.2-14　数据抽离分割的详细过程

本部分详细操作见视频 30 扇形单元关键点的处理。

7. 扇形单元斜杆的创建

关键步骤：对准关键点→连接斜杆，如图 3.2-15 所示。

30 扇形单元
关键点的处理

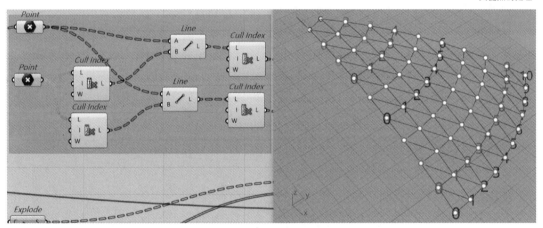

图 3.2-15　扇形单元斜杆的创建

◇ 关键电池 Cull Index 介绍

作用：删除指定的数据项（本案例是删除首尾的数据，方便斜杆连接）

输入端：

L：数据列表（本案例的关键点）

I：要删除项的序号（本案例首尾的数据，分别为 0 和−1）

W：是否循环取值（默认为 True 状态）

输出端：

L：删除后的数据列表（本案例分别是去掉首尾的关键点）

扩展1

下面我们以去尾为例，仔细感受它的数据处理过程。

图 3.2-16 为删除尾数之前的点位标签。

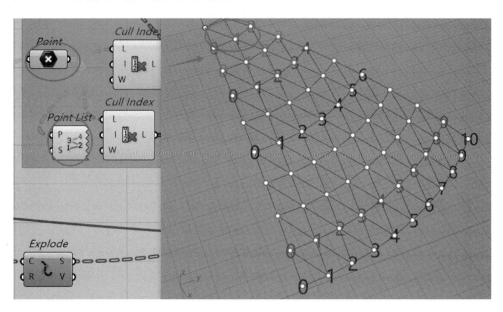

图 3.2-16　删除尾数之前的点位标签

图 3.2-17 为删除尾数之后的点位标签。

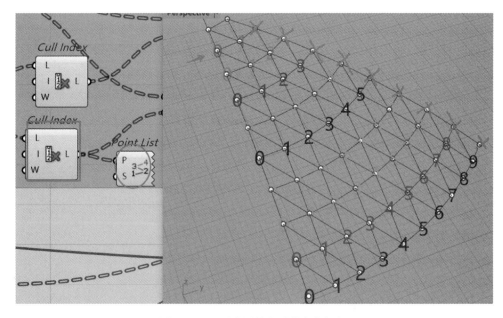

图 3.2-17　删除尾数之后的点位标签

扩展 2

下面我们结合点标签，继续感受斜杆连接的过程。

直线 A 端点的标签如图 3.2-18 所示。

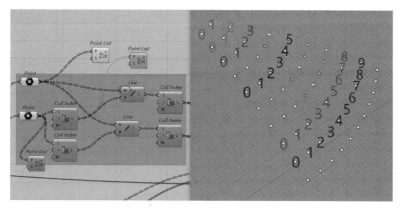

图 3.2-18　直线 A 端点的标签

直线 B 端点的标签如图 3.2-19 所示。

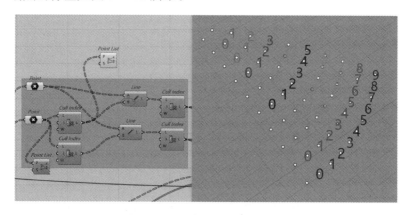

图 3.2-19　直线 B 端点的标签

可以看到，经过前面几步关键点的处理，已经可以将直线 AB 端点进行一对一的连接，如图 3.2-20 所示。

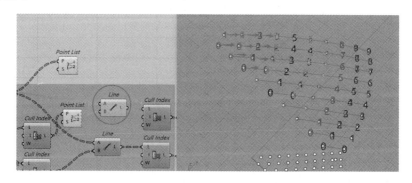

图 3.2-20　斜杆的连接

扩展 3

斜杆连接之后，考虑后面对扇形单元进行阵列操作，所以对尾部斜杆进行删除，如图 3.2-21 所示。

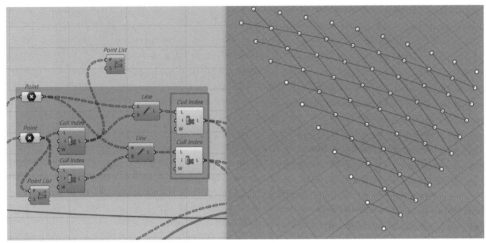

图 3.2-21　斜杆尾部删除

31 扇形单元斜杆
的创建

本部分详细操作见视频 31 扇形单元斜杆的创建。

关键步骤：多段线连接→炸开→得到目标杆件，如图 3.2-22 所示。

此步操作比较简单，用到的两个电池都是之前章节中介绍过的电池。

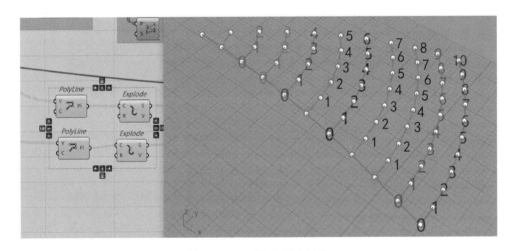

图 3.2-22　环向和径向杆件

32 扇形单元
环向和径向
杆件的创建

本部分详细操作见视频 32 扇形单元环向和径向杆件的创建。

8. 球面网壳结构成型

关键步骤：数据分组→炸开→得到目标杆件，如图 3.2-23 所示。

本步操作是基础实际操作过程的最后一步，这里我们引入了数据分组的概念。此步并非必须，但是可以让读者养成数据处理的好习惯。

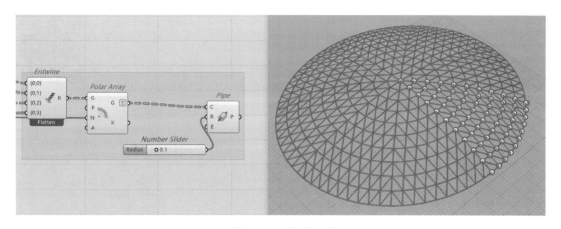

图 3.2-23　网壳成型

◇ 关键电池 Entwine 介绍

作用：数据分组

输入端：

{0；0}：输入端第 1 组数据（本案例的第一批斜杆）

{0；1}：输入端第 2 组数据（本案例的第二批斜杆）

{0；2}：输入端第 3 组数据（本案例的第三批斜杆）

······以此类推

输出端：

R：处理后的数据（本案例所有杆件）

◇ 关键电池 Polar Array 介绍

作用：对几何图形进行环形阵列（本案例的扇形单元）

输入端：

G：几何图形（本案例扇形单元）

P：工作平面（默认 xy 平面）

N：阵列的个数（本案例的扇面数 8 个）

A：总阵列的角度（逆时针，弧度制，2π）

输出端：

G：阵列后的几何图形（本案例所要得到的结果）

X：变动数据（很少用）

本部分详细操作见视频 33 球面网壳结构成型。

扩展

对结构设计师来说，参数化建模的目标最终是用来进行有限元分析，读者也可以按照杆件分种类阵列的方式得到需要的杆件，如图 3.2-24 所示。

33 球面网壳
结构成型

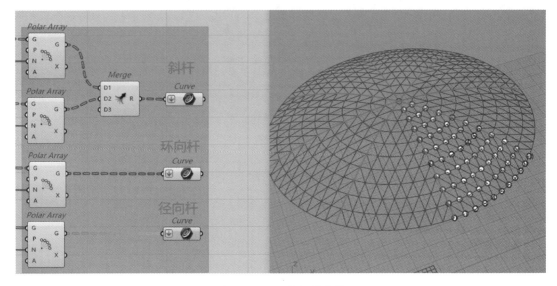

图 3.2-24　网壳杆件分类

至此，扇形三向网格单层球面网壳的创建过程完成。

3.2.2　网壳建模的举一反三

在案例背景中，我们知道球面网壳有很多种类型，读者可以根据 3.2.1 节中的电池组，进行改进，得到其他类型的球形网壳的参数化电池组。这样，在实际项目中可以起到事半功倍的效果。

图 3.2-25～图 3.2-31 是肋环形球面网壳创建过程的电池组。

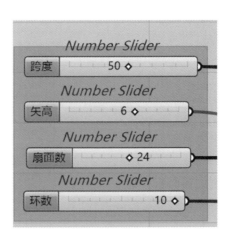

图 3.2-25　确定几何参数

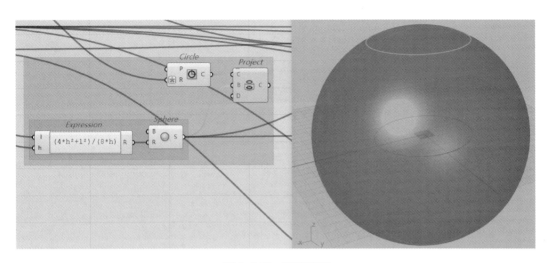

图 3.2-26　确定球面

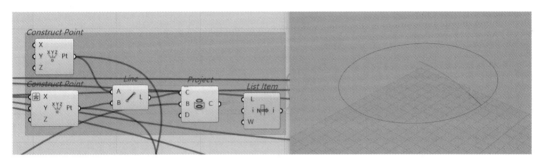

图 3.2-27　肋环形单向弦杆

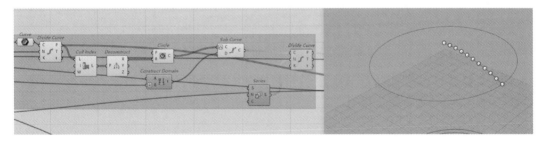

图 3.2-28　确定环向等分点

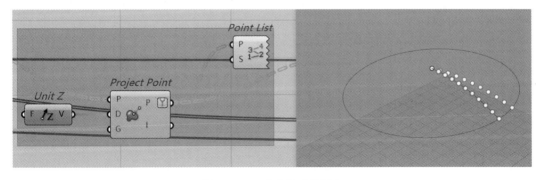

图 3.2-29　确定单元关键点

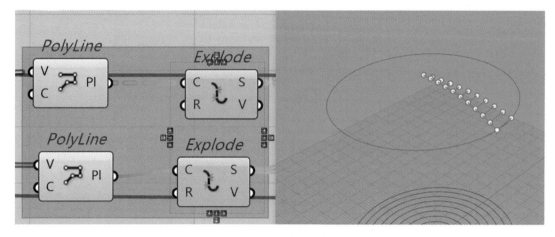

图 3.2-30　确定单元杆件

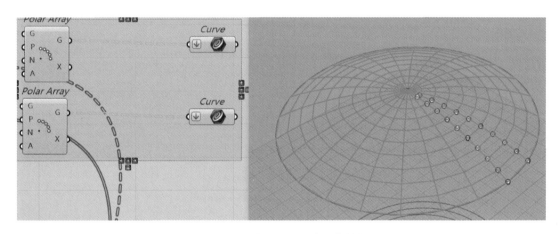

图 3.2-31　阵列形成网壳整体结构

同理，读者可以根据 3.2 节中接触到的电池，来尝试其他类型网壳结构的参数化建模。

3.2.3　网壳建模的思考

前面是以球面网壳为基础进行的参数化建模，相信读者跟着前面的内容操作都可以解决类似网壳的建模问题。

这里，我们提出两个问题供读者思考。

第一个问题是网壳的荷载导荷问题，导荷一般通过面进行导荷，读者可以思考网壳如何通过参数化设计，建立导荷面？

第二个问题是参数化电池的优化问题，这个是伴随设计师在参数化建模的任何阶段都会遇到的问题。从解决问题的角度，条条大路通罗马；从结构设计师的角度看，建议读者随着参数化经验的积累，对数据的理解、电池的熟练，可以自己优化自己的电池组。

3.3　网壳结构 Grasshopper 建模小结

本章是针对空间网格结构中的网壳结构进行的介绍，3.2.1 节中的建模方法已经开始涉及数据的处理，读者在阅读过程中，建议结合软件进行实际操作，不断查看数据的变化，加深理解，为进一步接触更多数据电池做准备。

第 **4** 章

桁架结构参数化设计

4.1 桁架结构参数化建模思路

4.1.1 案例背景

桁架是实际项目中经常遇到的一种钢结构（图 4.1-1），总体来说分两类：平面桁架和空间桁架。两者的区别主要体现在刚度的差异，最直接的反映就是前者一般用在中小跨度结构中，后者用在大跨结构中。

图 4.1-1　现实中的桁架

本章我们根据部分实际项目改编，在下一节实际操作部分开始，从平面桁架到空间桁架，将全部操作过程通过案例进行介绍。

4.1.2 建模思路

桁架的建模思路与其他空间结构类似，可以从一榀进行创建分析，也可以根据建筑屋面整体造型要求，从整体进行分割创建。

下一节我们从平面桁架开始，带读者对桁架结构在实际项目中遇到的各种情况进行电池组建封装，最终目的是在实际项目中直接调用电池组，以达到事半功倍的效果。

4.2 桁架结构 Grasshopper 软件建模实际操作

4.2.1 平面直线桁架的基本模型创建

1. 上弦杆的创建

关键步骤：定位基点→根据跨度移动得到上弦杆端点→连线得到上弦杆，如图 4.2-1 所示。

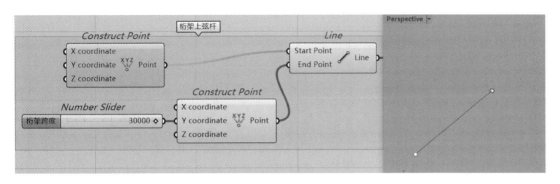

图 4.2-1　上弦杆的创建

此步操作需要提醒读者注意的是结构设计素养的形成。通常，我们习惯把基准点选取在原点，以此为基础进行模型搭建。

本部分详细操作见视频 34 上弦杆的创建。

2. 下弦杆的创建

关键步骤：选中上弦杆→输入高度→移动→得到下弦杆，如图 4.2-2 所示。

34 上弦杆的创建

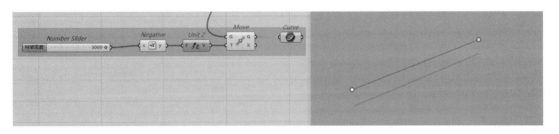

图 4.2-2　下弦杆的创建

本部分详细操作见视频 35 下弦杆的创建。

3. 弦杆等分

关键步骤：输入等分数→等分弦杆，如图 4.2-3 所示。

35 下弦杆的创建

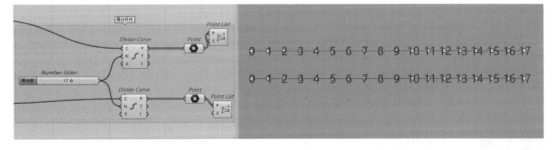

图 4.2-3　弦杆等分

本部分详细操作见视频 36 弦杆等分。

36 弦杆等分

4. 腹杆连线

关键步骤：直腹杆连线→斜腹杆连线，如图 4.2-4 所示。

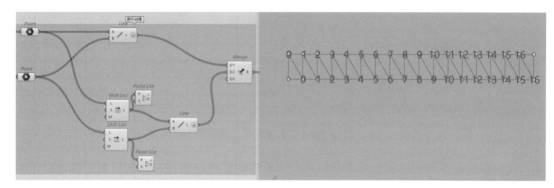

图 4.2-4　腹杆连线

本部分详细操作见视频 37 腹杆连线。

至此，一个比较简单的平面桁架模型创建完毕，如图 4.2-5 所示。

37 腹杆连线

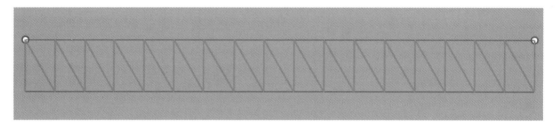

图 4.2-5　平面桁架模型

4.2.2　平面直线桁架的模型拓展

本节我们在 4.2.1 节的基础上进行拓展，将常见的平面桁架类型的电池组进行介绍。

1. 平面桁架交叉斜腹杆模型的创建 1

此处，只须对腹杆的数据进行变化即可，如图 4.2-6 所示。

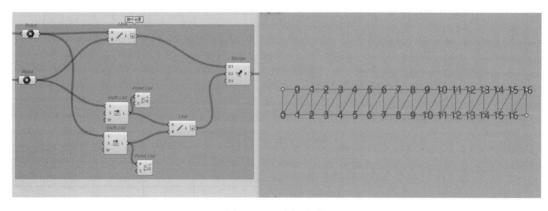

图 4.2-6　腹杆变化

这样，就可以得到另一种斜腹杆模型的平面桁架，如图 4.2-7 所示。

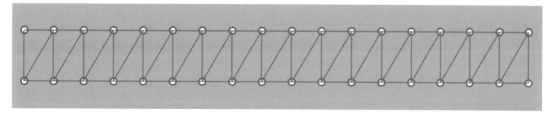

图 4.2-7 平面桁架模型

本部分详细操作见视频 38 平面桁架交叉斜腹杆模型的创建 1。

38 平面桁架交叉
斜腹杆模型的
创建1

2. 平面桁架交叉斜腹杆模型的创建 2

同样在实际项目中有的平面桁架是做成交叉斜腹杆的形式，只须将前面介绍的两种进行 MERGE 组合即可，如图 4.2-8 所示。

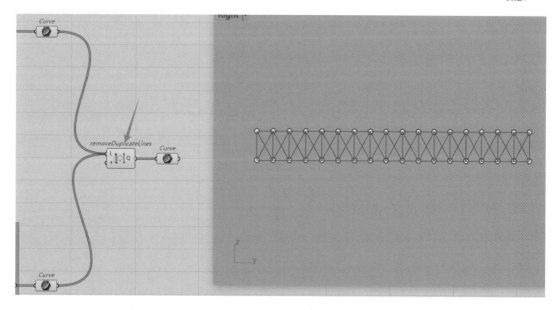

图 4.2-8 平面桁架模型

这里提醒读者，注意图 4.2-8 中对重复杆件进行清理的电池。

本部分详细操作见视频 39 平面桁架交叉斜腹杆模型的创建 2。

39 平面桁架
交叉斜腹杆
模型的创建2

3. 平行弦普拉特桁架模型的创建

平行弦普拉特桁架是一种经典的平面桁架，其特点如图 4.2-9 所示。

图 4.2-9 平行弦普拉特桁架

对 4.2.1 节的电池稍加整理即可。

首先，要对 4.2.1 节中的跨度和等分数进行减半（图 4.2-10）。因为平行弦普拉特桁架的特点是对称，所以一般思路是参数化建模一半，另一半镜像即可。

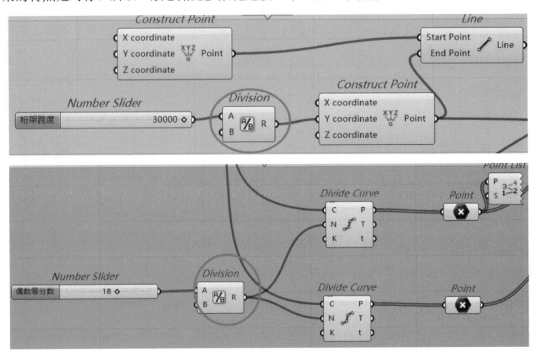

图 4.2-10　高度和等分数减半

最后，通过镜像（图 4.2-11），即可得到平行弦普拉特桁架。

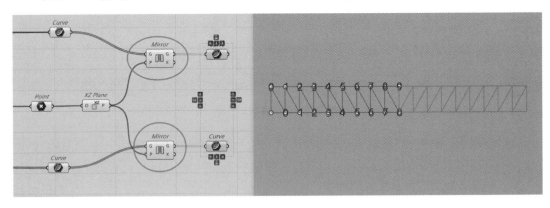

图 4.2-11　镜像

◇ 关键电池 Mirror 介绍

作用：物体的镜像（本案例一半桁架）

输入端：

G：几何图形（本案例一半桁架）

P：镜像的工作平面（对称轴）

输出端：

G：镜像后的几何图形

X：变动数据

本部分详细操作见视频 40 平行弦普拉特桁架模型的创建。

40 平行弦普拉
特桁架模型
的创建

4. 平面华伦桁架模型的创建

平面华伦桁架的特点如图 4.2-12 所示。

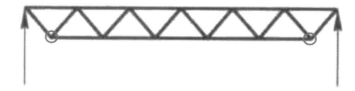

图 4.2-12　平面华伦桁架

从中不难发现，其特点是下弦比上弦少两根杆件，这就需要在前面的基础上去除收尾点，关键操作如图 4.2-13 所示。

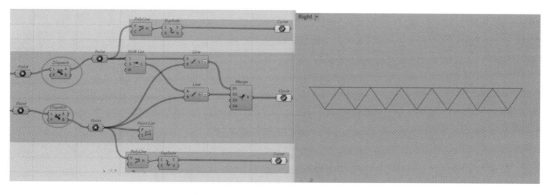

图 4.2-13　平面华伦桁架关键操作

◇ 关键电池 Dispatch 介绍

作用：数据的分流

输入端：

L：待分离的数据列表（本案例的等分点）

P：数据分流判断依据（True/False 或 0/1）

输出端：

A：数据分流后的列表 A

B：数据分流后的列表 B

本案例是用来对点位进行奇偶等分，实际项目中可以用此电池进行更多线性数据的分流。读者在此先体会本案例中的作用，待后续章节学习数据相关内容后，再回头体会此电池的用法。

上面是最简单的平面华伦桁架。当跨度较大时，可以采用改进的平面华伦桁架（图 4.2-14）。这种桁架增设竖向腹杆，对弦杆提供支撑，间距变得更小。这样就能够减小受压弦杆的有效屈曲长度，同时减小局部弯曲所引起的次应力。

图 4.2-14　改进的平面华伦桁架

图 4.2-15 只需要对直腹杆关键节点进行连线，即可得到改进的平面华伦桁架。

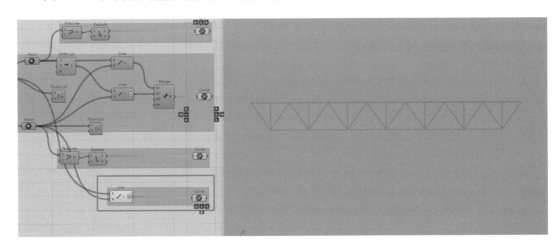

图 4.2-15　改进的平面华伦桁架关键操作

本部分详细操作见视频 41 平面华伦桁架模型的创建。

41 平面华伦
桁架模型的创建

5. 平面三角形普拉特桁架模型的创建

平面三角形普拉特桁架也是一种常见的桁架屋盖，适用于小跨度屋盖（图 4.2-16）。

图 4.2-16　三角形普拉特桁架

有了前面的基础，相信读者稍加思考，也可以很快地搭建起普拉特桁架的参数化模型。下面是主要电池连接过程。

图 4.2-17 是普拉特桁架上下弦杆的直线确定。

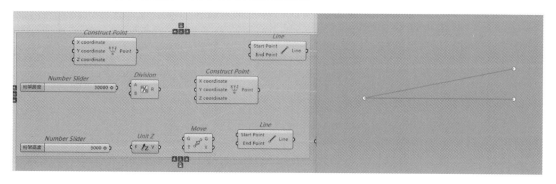

图 4.2-17　三角形普拉特桁架上弦下弦参数化定位

图 4.2-18 是在平行弦普拉特桁架基础上得到的最终结果。

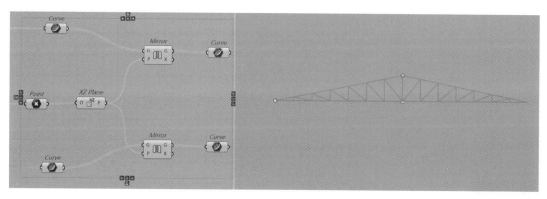

图 4.2-18　三角形普拉特桁架最终结果

本部分详细操作见视频 42 平面三角形普拉特桁架模型的创建。

6. 梯形桁架模型的创建

梯形桁架也是一种常见的桁架屋盖，适用于中等跨度的屋盖。图 4.2-19 是在三角形普拉特桁架的基础上修改而成的弦杆参数化定位电池。

42 平面三角形
普拉特桁架
模型的创建

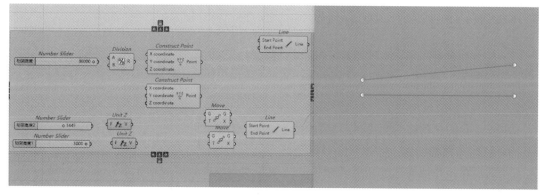

图 4.2-19　梯形桁架上下弦杆的直线确定

图 4.2-20 是梯形桁架参数化建模的最终结果。

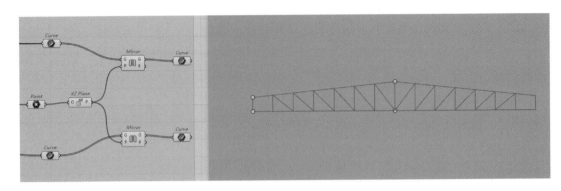

图 4.2-20　梯形桁架最终结果

本部分详细操作见视频 43 梯形桁架模型的创建。

43 梯形桁架
模型的创建

4.2.3　空间曲线桁架的模型创建

空间桁架是空间结构中应用最广的一种桁架结构，它可以实现建筑丰富多彩的曲线造型，如图 4.2-21 所示。

图 4.2-21　空间桁架屋盖

本节，我们从整体的角度进行空间桁架参数化建模。

1. 空间曲面的创建

关键步骤：在地面找准基准线→移动结构高度→根据长度放样生成曲面，如图 4.2-22 所示。

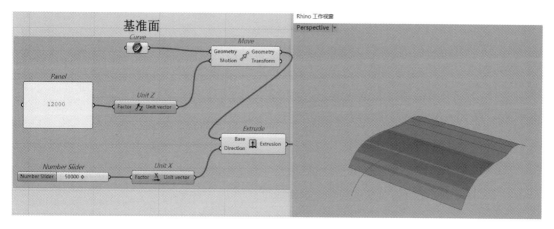

图 4.2-22　空间曲面创建

本步的输入参数有两个：一个是结构高度；一个是曲面桁架的长度。

本部分详细操作见视频 44 空间曲面的创建。

44 空间曲面
的创建

2. 空间桁架上弦杆件曲线的创建

关键步骤：关键点确认→找准 YZ 平面→平面切割曲面，关键电池如图 4.2-23 所示。

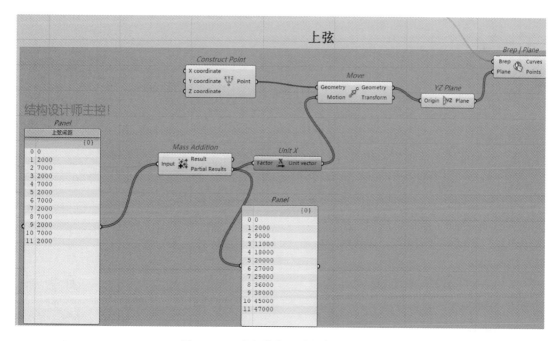

图 4.2-23　空间桁架上弦杆件关键电池

最后平面切割曲面的效果如图 4.2-24 所示。

这里要注意是 YZ 平面去切割曲面，这样得到的交线就是我们需要的上弦杆件。

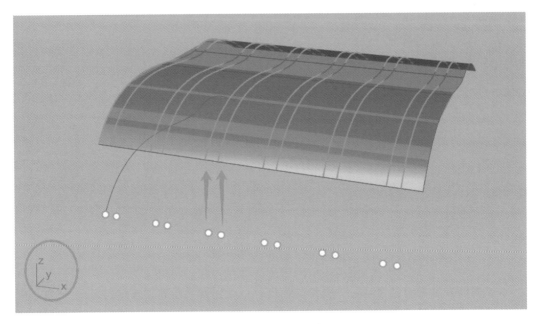

图 4.2-24　平面切割曲面

◇ 关键电池 Mass Addition 介绍

作用：数据的叠加（本案例根据轴网和结构设计师需要的上弦杆间距进行叠加）

输入端：

I：数据（本案例的上弦杆间距）

输出端：

R：叠加的总和（以第一根杆件起算的叠加总和）

Pr：每一步叠加的和（以第一根杆件起算的叠加）

本电池在结构设计参数化建模中，经常结合轴网数据使用。

◇ 关键电池 Brep / Plane 介绍

作用：Brep 和平面相交的运算（本案例的上弦线）

输入端：

B：Brep（本案例的曲面）

P：平面（YZ 平面）

输出端：

C：相交曲线（本案例的上弦线）

P：相交点（很少用）

本部分详细操作见视频 45 空间桁架上弦杆件曲线的创建。

45 空间桁架上弦
杆件曲线的创建

3. 空间桁架下弦杆件曲线的创建

关键步骤：关键点确认→找准 YZ 平面→生成下弦曲面→平面切割曲面，关键电池如图 4.2-25 所示。

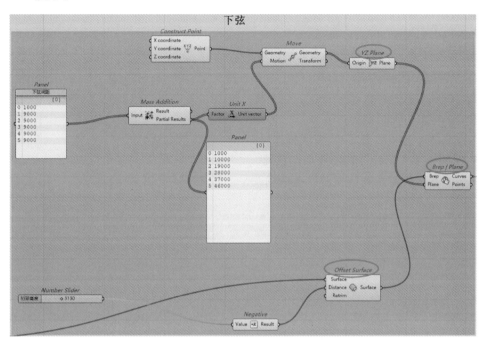

图 4.2-25　空间桁架下弦杆件关键电池

最后，平面切割曲面的效果如图 4.2-26 所示。

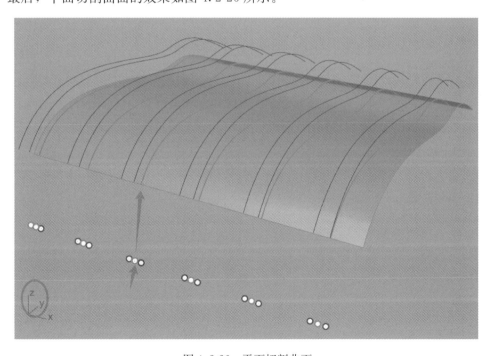

图 4.2-26　平面切割曲面

75

本步关键输入参数是下弦杆的间距和桁架的高度。

◇ 关键电池 Offset Surface 介绍

作用：对曲面进行偏移（本案例需要得到的下弦杆曲面）

输入端：

S：曲面（待偏移的上弦曲面）

D：偏移距离（正值为沿曲面的法线方向）

T：是否修剪偏移曲面

输出端：

S：偏移后的曲面

46 空间桁架下弦杆件曲线的创建

本部分详细操作见视频 46 空间桁架下弦杆件曲线的创建。

4. 空间桁架上弦杆件切割平面的创建

关键步骤：关键点确认→建立上弦切割平面，如图 4.2-27 所示。

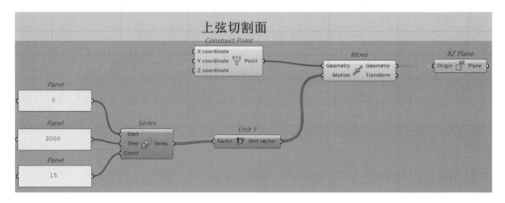

图 4.2-27　上弦切割平面创建电池

通过 Display 显示调节平面大小，如图 4.2-28 所示。

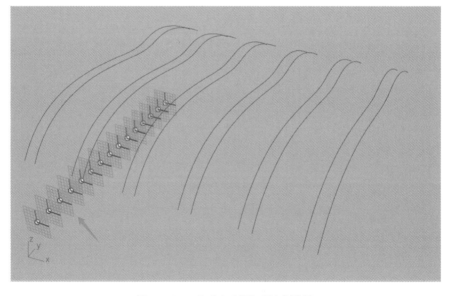

图 4.2-28　上弦切割平面创建效果

本部分详细操作见视频 47 空间桁架上弦杆件切割平面的创建。

5. 空间桁架下弦杆件切割平面的创建

关键步骤：关键点确认→建立下弦切割平面，如图 4.2-29 所示。

通过 Display 显示调节平面大小，如图 4.2-30 所示。

47 空间桁架上弦杆件切割平面的创建

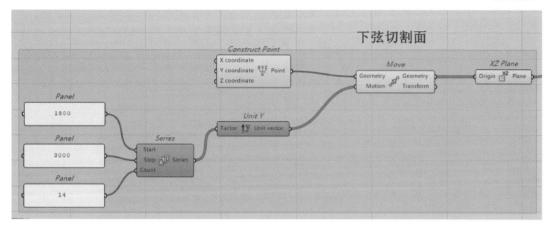

图 4.2-29　下弦切割平面创建电池

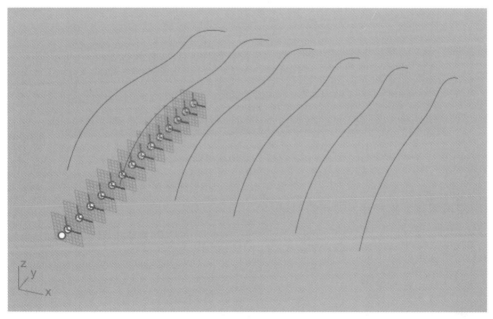

图 4.2-30　下弦切割平面创建效果

本部分详细操作见视频 48 空间桁架下弦杆件切割平面的创建。

48 空间桁架下弦杆件切割平面的创建

6. 空间桁架上弦杆件关键点的创建

关键步骤：XZ 平面切割上弦曲线→上弦点分流，如图 4.2-31 所示。

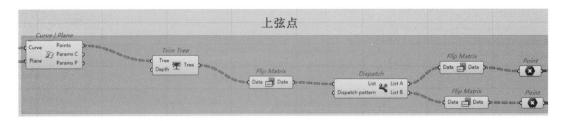

图 4.2-31　空间桁架上弦杆件关键点的创建

平面切割曲线得到的上弦点如图 4.2-32 所示。

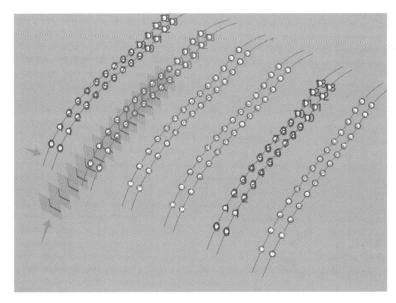

图 4.2-32　平面切割曲线得到的上弦点

49 空间桁架
上弦杆件关键
点的创建

本部分详细操作见视频 49 空间桁架上弦杆件关键点的创建。

7. 空间桁架下弦杆件关键点的创建

关键步骤：XZ 平面切割下弦曲线→得到下弦点，如图 4.2-33 所示。

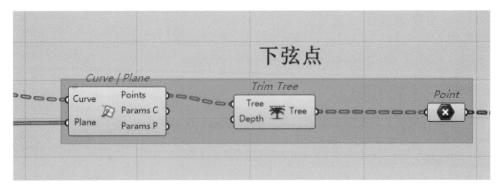

图 4.2-33　空间桁架下弦杆件关键点的创建

平面切割曲线得到的下弦点如图 4.2-34 所示。

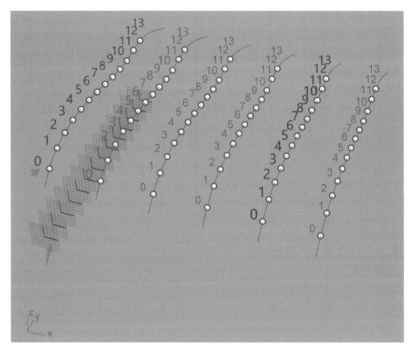

图 4.2-34　平面切割曲线得到的下弦点

本部分详细操作见视频 50 空间桁架下弦杆件关键点的创建。

50 空间桁架
下弦杆件关键点
的创建

8. 空间主桁架的创建

关键步骤：上下弦杆件创建→腹杆创建→封装电池。

图 4.2-35 为上下弦杆创建。

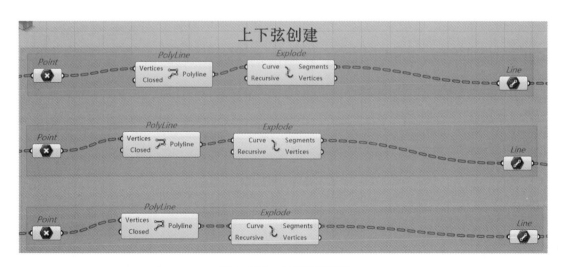

图 4.2-35　上下弦杆创建

图 4.2-36 为腹杆创建。

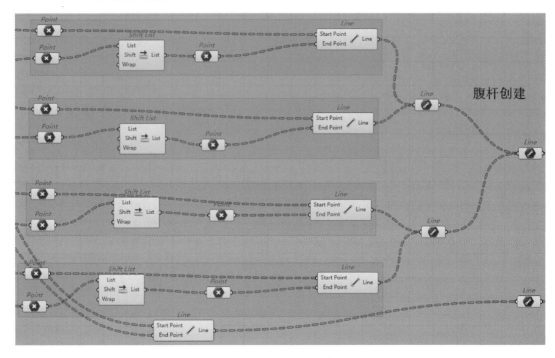

图 4.2-36　腹杆创建

图 4.2-37 为封装电池并命名。

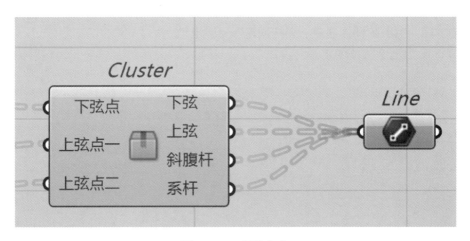

图 4.2-37　封装电池

图 4.2-38 为主桁架创建效果。

本部分详细操作见视频 51 空间主桁架的创建。

51 空间主桁架
的创建

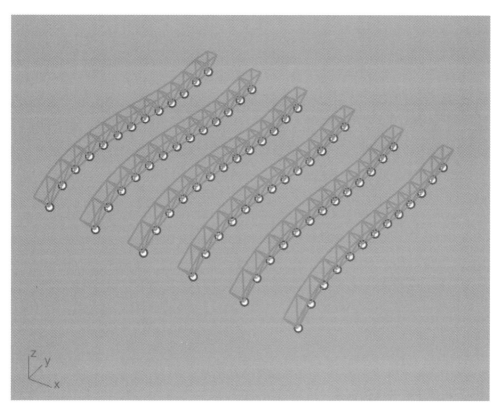

图 4.2-38 主桁架创建效果

9. 次桁架下弦节点的创建

关键步骤：确定次桁架下弦点位置——转置移动获取下弦节点，如图 4.2-39 所示。

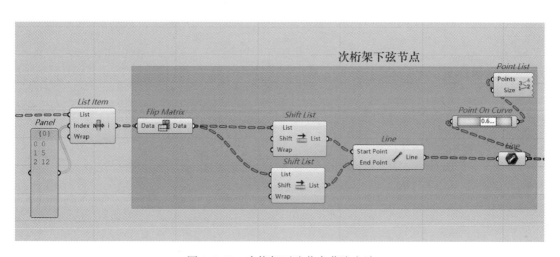

图 4.2-39 次桁架下弦节点获取电池

这里提醒读者注意转置前后点位标签的变化，次桁架下弦连线效果如图 4.2-40 所示。

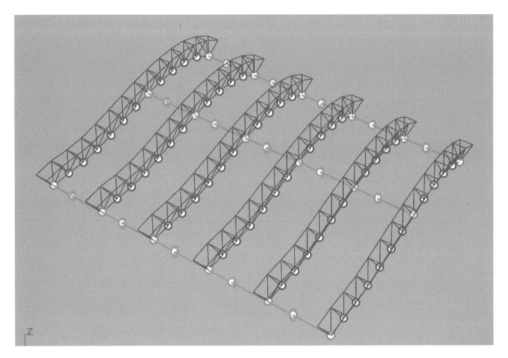

图 4.2-40　次桁架下弦杆件

本部分详细操作见视频 52 次桁架下弦节点的创建。

10. 次桁架上弦节点的创建

关键步骤：确定次桁架上弦点位置→转置移动获取上弦节点，如图 4.2-41 所示。

52 次桁架
下弦节点的创建

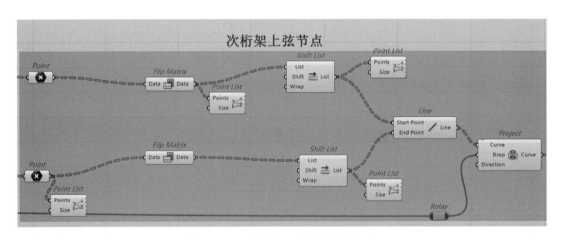

图 4.2-41　次桁架上弦节点获取电池

这里，读者需要体会转置后进行数据偏移、然后再连线的逻辑思路。这是对结构杆件常用的处理手法，更进一步的系统理解在后续数据相关章节介绍。

图 4.2-42 为连接后的上弦杆件。

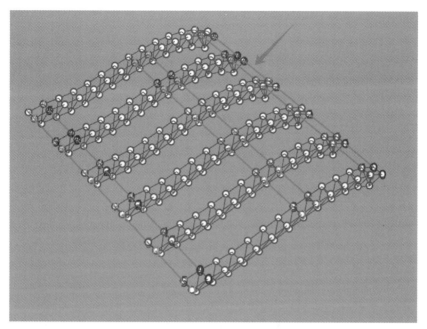

图 4.2-42　连接后的次桁架上弦杆件

本部分详细操作见视频 53 次桁架上弦节点的创建。

11. 次桁架上弦杆件分组

关键步骤：选中上弦杆件→数据分组，如图 4.2-43 所示。

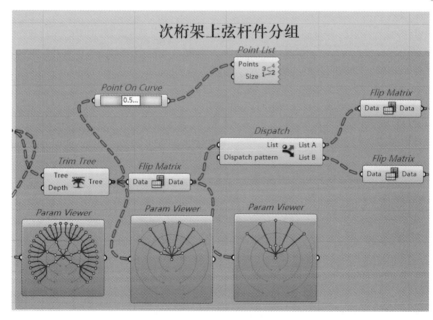

图 4.2-43　连接后的次桁架上弦杆件

此步是上弦杆件分组处理的核心，用到的主要是树形菜单中的树形数据处理电池，请读者根据图 4.2-44 的树形结构和点位显示理解。

本部分详细操作见视频 54 次桁架上弦杆件分组。

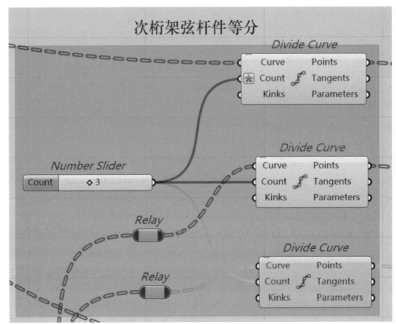

54 次桁架
上弦杆件分组

图 4.2-44　次桁架弦杆等分电池

12. 次桁架弦杆等分

关键步骤：选中弦杆→确定等分数→批量等分（留意数据的处理），如图 4.2-45 所示。

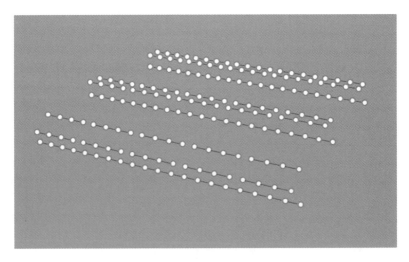

图 4.2-45　等分后的次桁架杆件

本部分详细操作见视频 55 次桁架弦杆等分。

55 次桁架
弦杆等分

13. 空间次桁架的创建

关键步骤：利用第 8 步的封装电池进行创建，如图 4.2-46 所示。

图 4.2-46 创建次桁架杆件的封装电池

得到的次桁架杆件如图 4.2-47 所示。

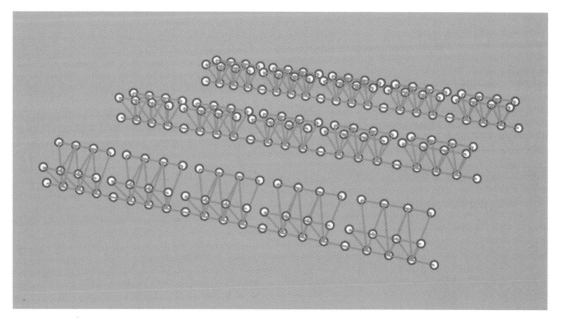

图 4.2-47 空间次桁架杆件

本部分详细操作见视频 56 空间次桁架的创建。

至此，我们对空间曲线桁架模型的创建全部结束，最终得到图 4.2-48 所示的空间桁架。

56 空间次
桁架的创建

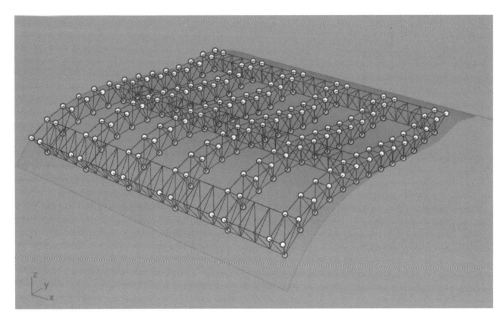

图 4.2-48　空间桁架

4.3　桁架结构 Grasshopper 建模小结

　　本章是针对空间网格结构中的桁架结构进行的介绍，从最基础的平面桁架到复杂的空间曲线桁架，读者在实际操作过程中务必结合数据显示相关的电池，理解每一步杆件数据的处理，为进一步的数据学习做准备。

第**5**章

旋转楼梯结构参数化设计

5.1 旋转楼梯结构参数化建模思路

5.1.1 案例背景

旋转楼梯（图 5.1-1）对经常做钢结构设计的朋友来说并不陌生，其难点有两个：一个是建模；一个是有限元分析。本章重点通过参数化建模的方法来实现旋转楼梯的模型创建。

图 5.1-1　旋转楼梯实例

5.1.2 建模思路

旋转楼梯的建模思路其实很清晰，关键参数有四个：两个同心旋转圆的半径、踏步高度和踏步数量。

在 5.2 节中，读者务必留意这四个参数控制旋转楼梯的过程。

5.2 旋转楼梯结构 Grasshopper 软件建模实际操作

5.2.1 旋转楼梯建模的第一种常规方法

1. 基本参数的输入

关键步骤：定位基点→建立四个参数数据电池，如图 5.2-1 所示。

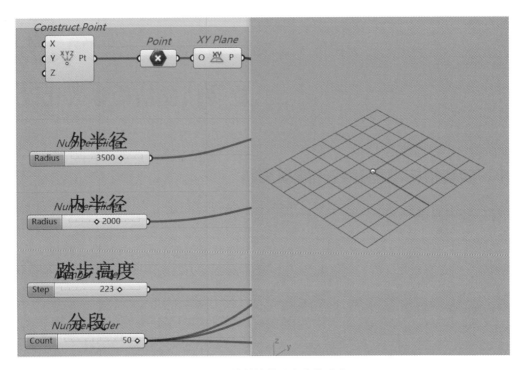

图 5.2-1　旋转楼梯基本参数确定

本步是输入数据的集合，也是后期实现参数化的关键一步，建筑专业设计师对楼梯的调整，结构专业的设计师都可以通过这四个参数来实现。

本部分详细操作见视频 57 基本参数的输入。

2. 同心圆创建和点位等分

关键步骤：根据半径参数创建同心圆→根据踏步段数等分同心圆，如图 5.2-2 所示。

57 基本参数
的输入

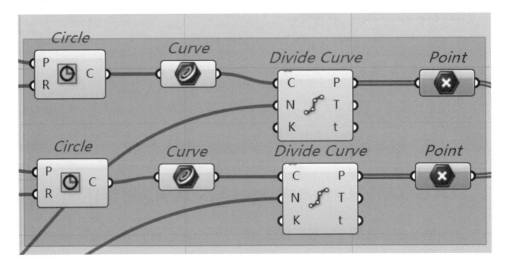

图 5.2-2　等分同心圆电池

同心圆等分后的效果如图 5.2-3 所示。

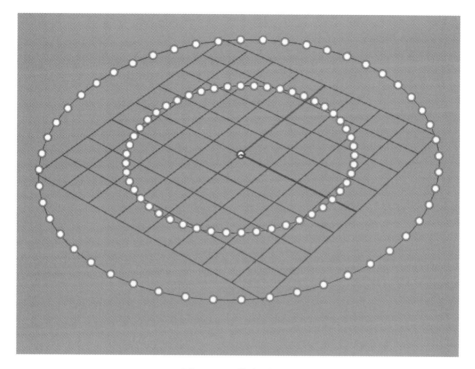

图 5.2-3　等分同心圆

本部分详细操作见视频 58 同心圆创建和点位等分。

3. 踏步段的生成

关键步骤：根据踏步高度进行移动，如图 5.2-4 所示。

58 同心圆创建
和点位等分

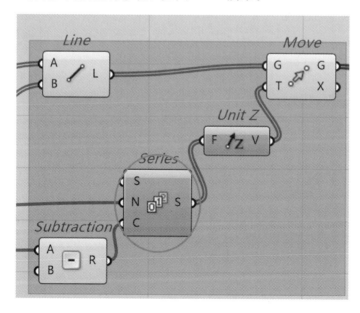

图 5.2-4　踏步段生成电池

本步最关键的地方是等差数列 Series 电池的应用，之前章节我们已经反复应用过。这里，巧妙地发现踏步段的几何高度是呈等差数列的关系。

图 5.2-5 是得到的踏步段空间分布。

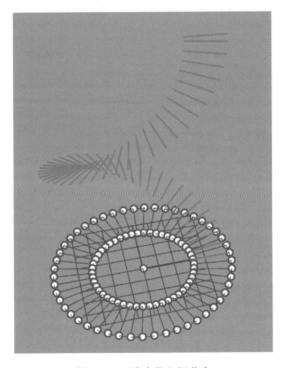

图 5.2-5　踏步段空间分布

本部分详细操作见视频 59 踏步段的生成。

4. 内外螺旋梯梁的生成

关键步骤：提取踏步段两端点→生成多段线→分解多段线，电池如图 5.2-6 所示。

此处，通过 End Points 电池巧妙地将每个踏步段的两端点分离出来，为生成螺旋梯梁的多段线做了铺垫。

59 踏步段
的生成

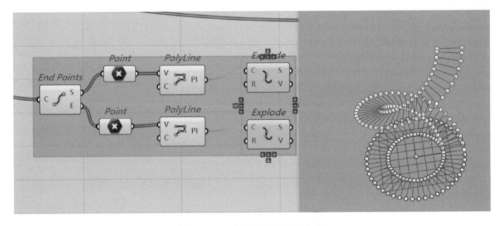

图 5.2-6　内外螺旋梯梁生成

本部分详细操作见视频 60 内外螺旋梯梁的生成。

通过以上四步，旋转楼梯的普通建模方法已经介绍完毕。

60 内外螺旋
梯梁的生成

5.2.2　旋转楼梯建模的另一种建模方法

本小结我们从向量的思路出发，给读者介绍旋转楼梯的另一种建模
方法。

1. 外径环向量的创建

关键步骤：核算角度、踏步段数、外径→生成起始向量→根据起始向量旋转生成外径
环向量，如图 5.2-7 所示。

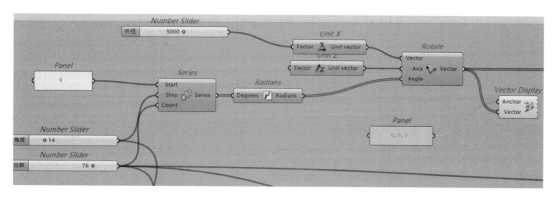

图 5.2-7　外径环向量生成电池

这里读者需要留意向量显示的电池，类似于点标签的显示，我们习惯显示向量来观察
前面的操作是否准确。生成的外径环向量如图 5.2-8 所示。

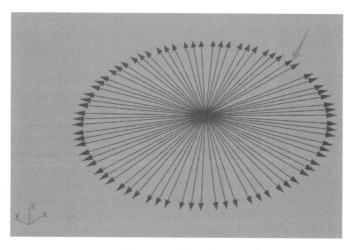

图 5.2-8　外径环向量

本部分详细操作见视频 61 外径环向量的创建。

61 外径环
向量的创建

2. 外径踏步点生成

关键步骤：提取外径环向量坐标→根据踏步高度生成外径踏步点，如图 5.2-9 所示。

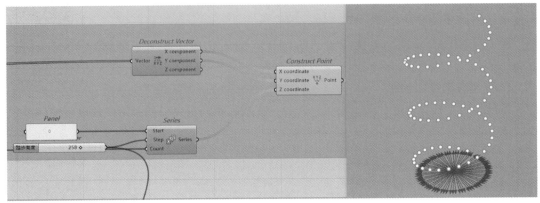

图 5.2-9　外径踏步点

本部分详细操作见视频 62 外径踏步点生成。

62 外径踏步
点生成

3. 内径踏步点生成

关键步骤：同第 1、2 步类似，如图 5.2-10 所示。

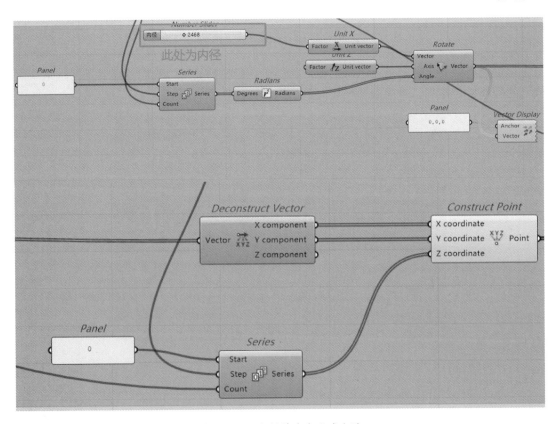

图 5.2-10　内径踏步点生成电池

至此，内外径点位均生成完毕，如图 5.2-11 所示。

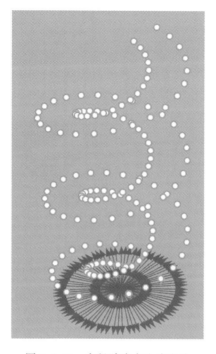

图 5.2-11　内径踏步点生成电池

63 内径踏步
点生成

本部分详细操作见视频 63 内径踏步点生成。

4. 杆件生成

关键步骤：内径点连线→外径点连线→内外径点连线，如图 5.2-12 所示。

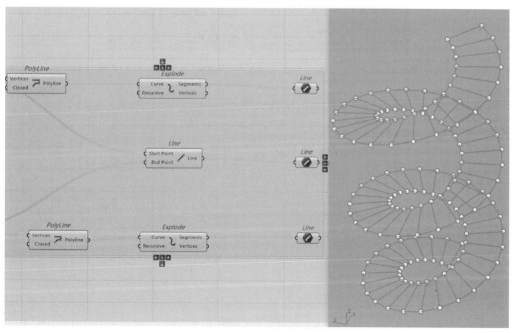

图 5.2-12　杆件连线

本部分详细操作见视频 64 杆件生成。

到此为止，采用向量的方法进行旋转楼梯的建模已经介绍完毕。

64 杆件生成

5.2.3 带中柱的旋转楼梯

有了前面两种旋转楼梯的建模方法，读者可以灵活运用，解决实际项目
中各种变化莫测的旋转楼梯，比如图 5.2-13 所示带中柱的旋转楼梯。

图 5.2-13　中柱旋转楼梯

其特点是内径为零，只须对前面的电池稍加调整即可实现，如图 5.2-14 所示。

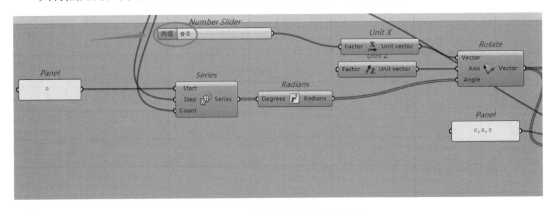

图 5.2-14　中柱旋转楼梯内径为零

图 5.2-15 是加圆管显示的三维效果。

图 5.2-16 是中柱旋转楼梯左视图，方便设计师确认建模是否正确。

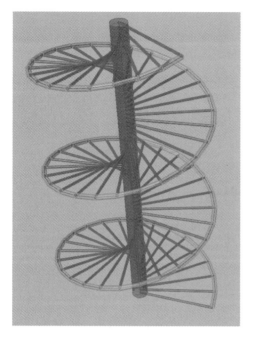 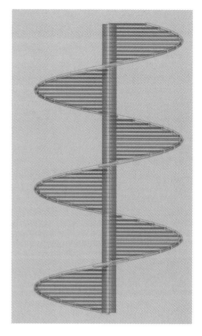

图 5.2-15　中柱旋转楼梯三维视图　　　图 5.2-16　中柱旋转楼梯左视图

本部分详细操作见视频 65 带中柱的旋转楼梯。

65 带中柱的
旋转楼梯

5.2.4　带中间平台的旋转楼梯

实际项目中，还有一类旋转楼梯稍显麻烦一些，就是带有中间平台（也称休息平台）的旋转楼梯，如图 5.2-17 所示。

图 5.2-17　带有中间平台的旋转楼梯

这种类型的旋转楼梯，建议读者在前面向量方法建模的基础上进行改进。

第一步是做出休息平台之前的旋转楼梯杆件，提取最后一个点，就是休息平台的起始点；然后，以此起始点开始用向量的方式生成休息平台的关键点，重点电池如图 5.2-18 所示。

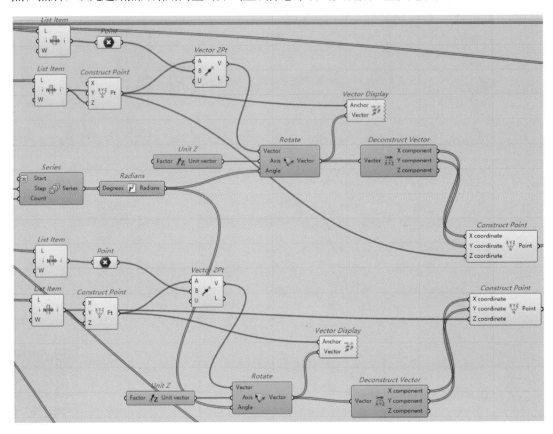

图 5.2-18　带有休息平台的旋转楼梯电池关键点

休息平台的关键点如图 5.2-19 所示。读者留意关键点的特征，就是高度一致。

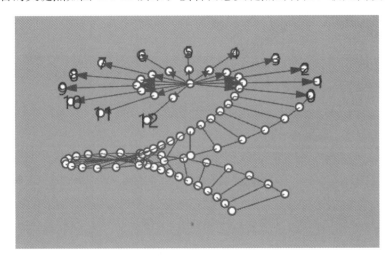

图 5.2-19　带有休息平台的旋转楼梯关键点

第二步是休息平台的关键杆件生成，方法与前面类似，如图 5.2-20 所示。

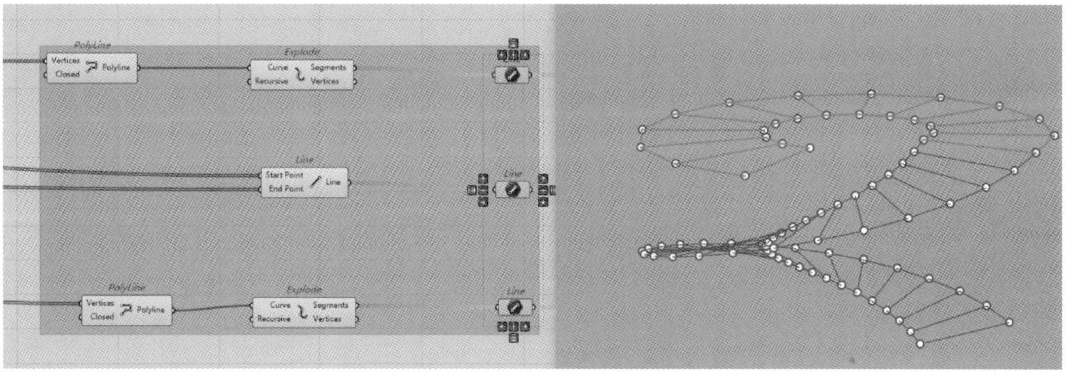

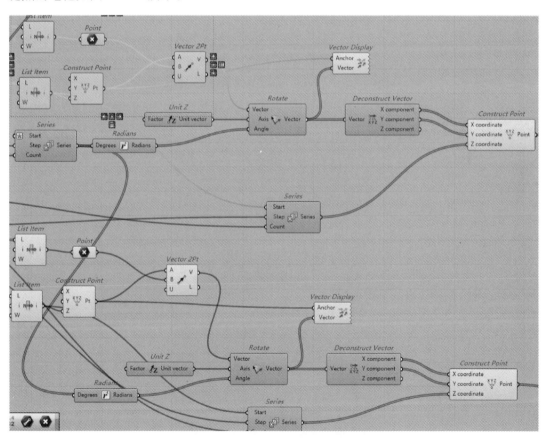

图 5.2-20　休息平台杆件生成

第三步是生成休息平台以上的旋转楼梯，建议采用 5.2.2 节向量的方式进行生成，关键点的电池如图 5.2-21 所示。

图 5.2-21　休息平台以上的旋转楼梯关键点电池

休息平台以上的旋转楼梯关键点效果如图 5.2-22 所示。

第四步是对关键点进行连线，生成杆件。方法与前面类型相同，不再赘述。

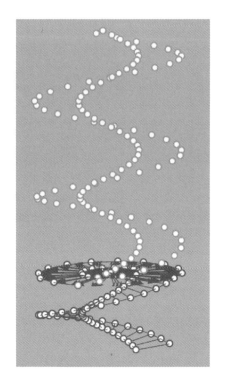

图 5.2-22 休息平台以上的旋转楼梯关键点

图 5.2-23 是加圆管显示带休息平台的旋转楼梯的三维效果。

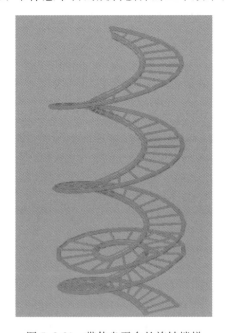

图 5.2-23 带休息平台的旋转楼梯

图 5.2-24 是加圆管显示的带休息平台的旋转楼梯左视图（读者可以留意休息平台的标高是否满足建筑需求）。

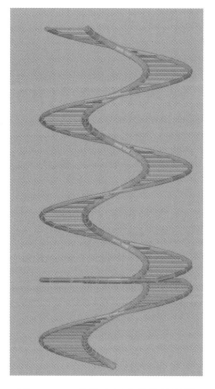

图 5.2-24　带休息平台的旋转楼梯

本部分详细操作见视频 66 带中间平台的旋转楼梯。

66 带中间平台
的旋转楼梯

5.3　旋转楼梯结构 Grasshopper 建模小结

本章主要介绍钢结构中的螺旋楼梯结构模型的参数化建模，重点推荐大家采用向量的方法进行创建，读者务必仔细体会向量旋转和踏步点生成的逻辑思路，做到举一反三，从而应对实际项目中各种形状的螺旋楼梯。

第**6**章

建筑结构参数化设计中的数据结构

6.1 概述

数据结构是 GH 的精华所在，某种程度上可以说，掌握了数据结构，就掌握了 GH。数据本身是比较枯燥的，因此本章内容重点结合之前的案例，谈一谈数据结构的知识。读者须在了解数据结构的基础上，进一步优化自己的电池组。

6.2 数据结构入门

6.2.1 数据和数据源

数据是存储在计算机中并由程序处理的信息。在 GH 中，数据的来源有三种：内部、引用和外部，如图 6.2-1 所示为点的数据来源。

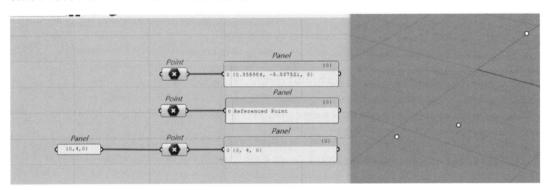

图 6.2-1 GH 的三种数据来源

第一种内部数据，不依托于外部而自成一派；第二种一般依托于犀牛；第三种外部数据一般借助于其他电池的输入而成。

这里推荐大家在实际项目中搞清数据的来源，三种均可使用。通常，在结构参数化中基准点、基准线和基准面须特别留意数据的来源。

本部分详细操作见视频 67 数据和数据源。

67 数据和
数据源

6.2.2 数据类型

在 GH 中的数据类型一般有整数、小数、字符、布尔等，如图 6.2-2 所示。

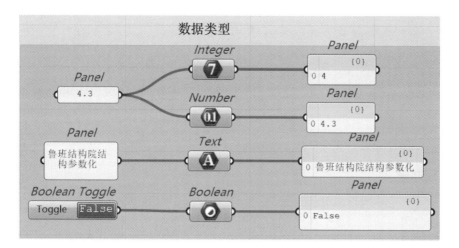

图 6.2-2　GH 的数据类型

本部分详细操作见视频 68 数据类型。

68 数据类型

6.2.3　数据的处理

在 GH 中的数据处理一般有五大类别：数值运算、逻辑判断、数据分析、数据排序和数据选取。下面我们结合简单的案例进行介绍。

1. 数值运算

数值运算简单来说分两大类：一类是加减乘除；另一类是 expression 电池进行的复杂数值运算。

图 6.2-3 是我们在平面桁架案例中用到的第一种运算，图 6.2-4 是我们在网壳案例中用的第二种运算。

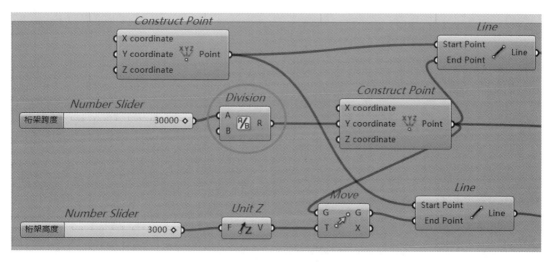

图 6.2-3　第一类数值运算

无论是哪类数值运算，读者需要知道数值运算的目的是什么，就是用已知的数据通过一些运算符来得到目标数据的过程。

101

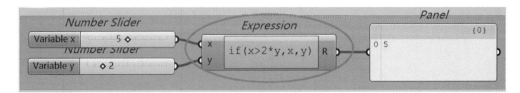

图 6.2-4　第二类数值运算

69 数值运算

本部分详细操作见视频 69 数值运算。

2. 逻辑判断

逻辑判断一般在结构设计中直接应用比较少，可以用来辅助判断需要特定条件的几何体。这里我们简单介绍两种使用场景。

第一种是满足某个几何条件的图形筛选，比如半径介于 1000～2000mm 的圆，电池如图 6.2-5 所示。

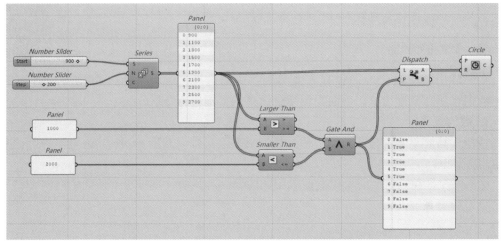

图 6.2-5　半径介于 1000～2000mm 的圆筛选

通过逻辑判断，最后得到如图 6.2-6 所示的结果。

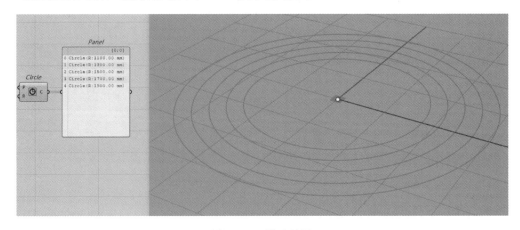

图 6.2-6　筛选结果

第二种是杆件长度的选取，比如在网壳案例中，如何快速筛选长度介于 2.5～3m 的杆件，电池如图 6.2-7 所示。

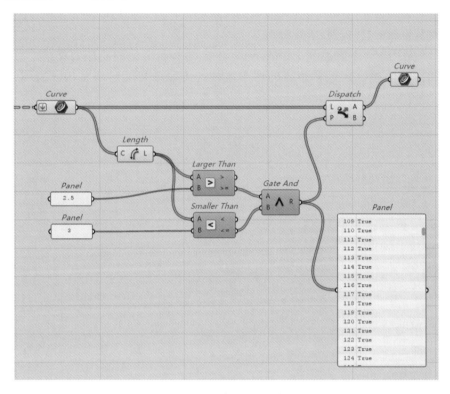

图 6.2-7 杆件长度电池筛选

筛选结果如图 6.2-8 所示。

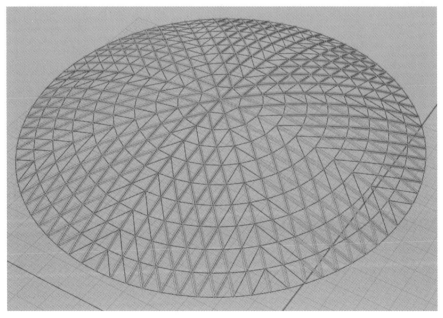

图 6.2-8 杆件筛选结果

本部分详细操作见视频 70 逻辑判断。

3. 数据分析

数据分析是参数化建模中对几何数据的宏观把控，我们仍然以网壳案例为基础，对其生成的杆件进行宏观分析。

图 6.2-9 是用 Panel 电池和 Param Viewer 电池查看电池的具体数据信息，这是结构设计参数化贯穿始终的两个电池，读者务必随时留意用其查看自己的电池组。

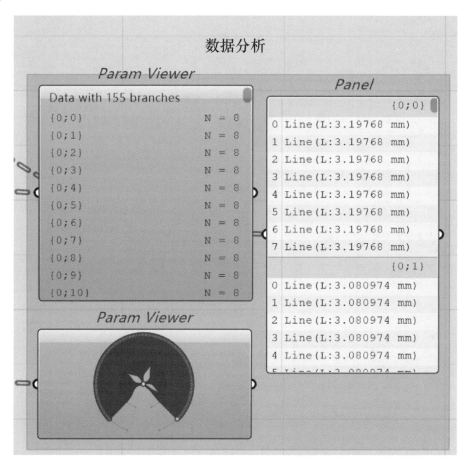

图 6.2-9 Panel 电池和 Param Viewer 电池查看电池的具体数据

图 6.2-10 是用 Bounds 电池和 Average 电池来查看网壳杆件的长度区间和每一组杆件的平均值，便于钢结构深化单位把控整体数据的区间和范围。

本部分详细操作见视频 71 数据分析。

4. 数据排序

结构设计参数化建模中，数据排序通常用来对点位进行重组，图 6.2-11 是点位重组的算例。

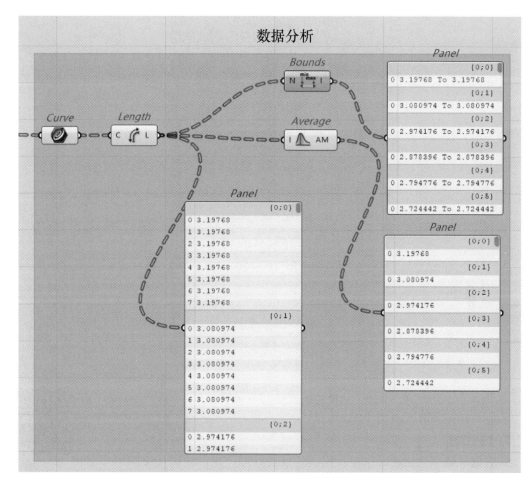

图 6.2-10　Bounds 电池和 Average 电池的数据分析

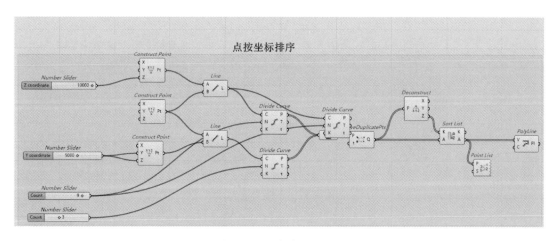

图 6.2-11　点位重组电池

点位按 z 轴正向重现组合排序后的标签点及连线，如图 6.2-12 所示。

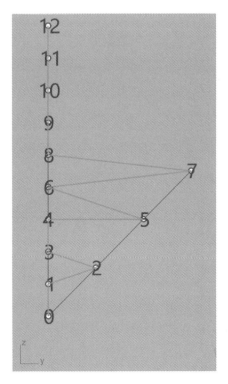

图 6.2-12　点位重组后的标签与连线

本部分详细操作见视频 72 数据排序。

5. 数据选取

数据选取是参数化设计中经常用到的数据处理，比如曲线桁架案例中对次桁架位置的选取就是一种常用的数据处理，电池组如图 6.2-13 所示。

72 数据排序

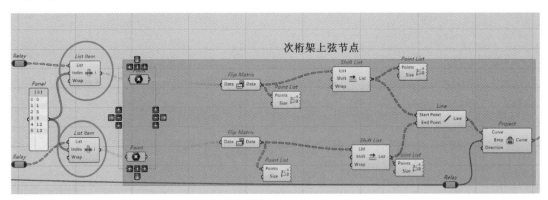

图 6.2-13　数据选取

本部分详细操作见视频 73 数据选取。

73 数据选取

6.3　数据结构提升

1. 数据结构概述

GH 中的数据结构有三大类：单一数据、数据列表和数据树，如图 6.3-1 所示。

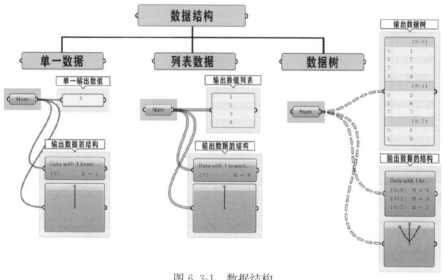

图 6.3-1　数据结构

GH 中对上述三种数据，不同的操作会带来不同的结果。根据图 6.3-2 的算例，读者可以体会三种数据做同一个累加操作的结果。

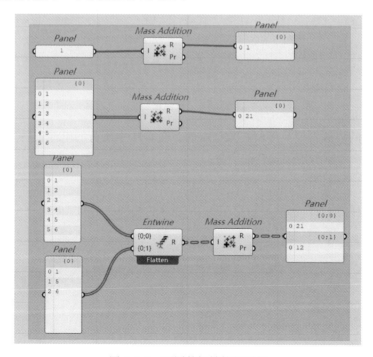

图 6.3-2　不同数据结构的累加

本部分详细操作见视频 74 数据结构概述。

2. 数据结构——列表生成

传统意义上的数据列表如图 6.3-3 所示。

图 6.3-3 的电池读者在前几章的案例中应该深有体会，在创造数据阶段很有帮助。图 6.3-4 是其数据逻辑。

74 数据结构概述

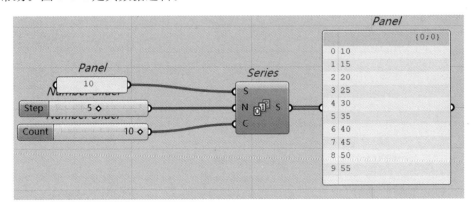

图 6.3-3　传统意义的数据列表

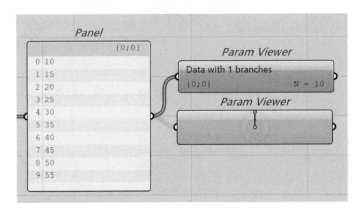

图 6.3-4　数据逻辑

读者对数据的理解不要只停留在数据层面，在 GH 中所有的电池背后其实都是对数据的处理，如图 6.3-5 所示桁架弦杆的等分。

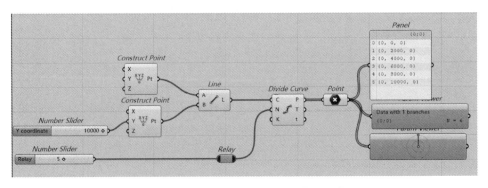

图 6.3-5　桁架弦杆等分背后的数据列表

从图 6.3-5 不难看出，点的背后是坐标，坐标的背后是数据列表。

点如此，线亦如此，如图 6.3-6 所示。

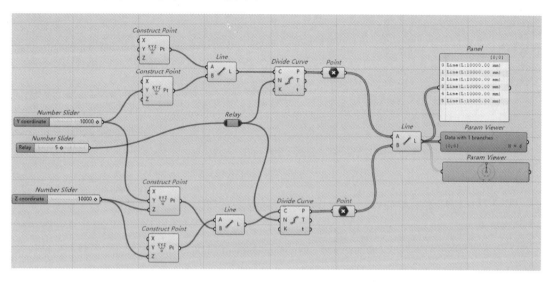

图 6.3-6　桁架腹杆连接背后的数据列表

本部分详细操作见视频 75 数据结构——列表生成。

3. 数据结构——列表操作

数据列表的操作读者前面几章案例均有涉及，本小节我们从数据结构的角度进行理解和整理。

图 6.3-7 是对桁架腹杆的个数统计和选取，背后是对数据列表的元素选取和长度统计。

75 数据结构
——列表生成

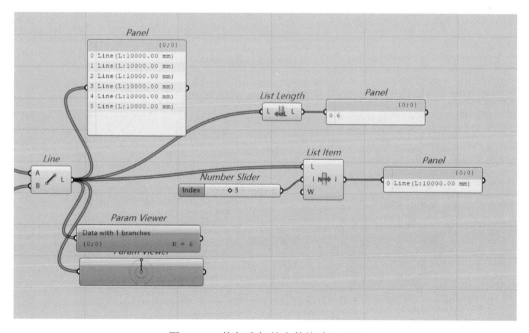

图 6.3-7　桁架腹杆的个数统计和选取

图 6.3-8 是对点位进行排序和翻转，背后是对列表中的数据进行排列。

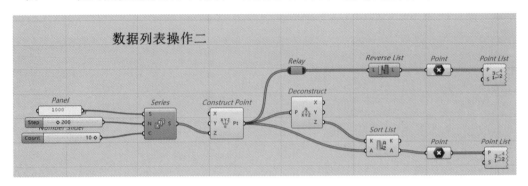

图 6.3-8　对点位进行排序和翻转

图 6.3-9 是对桁架等分点做的拆分处理，背后是对列表中数据的筛选。

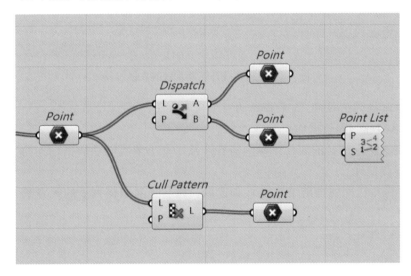

图 6.3-9　对桁架等分点的拆分处理

图 6.3-10 是对桁架等分点做的移动处理，背后是对列表中数据的移动。

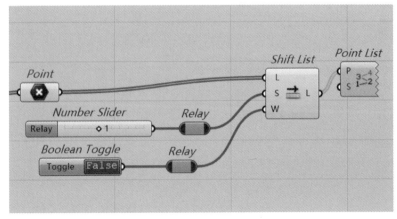

图 6.3-10　对桁架等分点的移动处理

110

图 6.3-11 是连续选择桁架等分点某一区间的点位，背后是对列表中数据的集中选择。

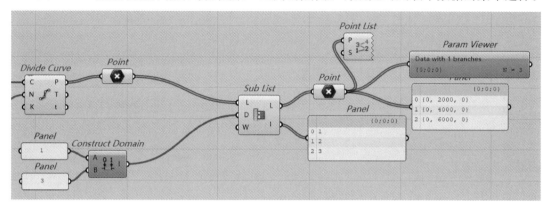

图 6.3-11　连续选择桁架等分点某一区间的点位

本部分详细操作见视频 76 数据结构——列表操作。

76 数据结构
——列表操作

4. 数据结构——列表匹配

数据列表的匹配读者前面几章案例也有涉及，只是我们采用的是 GH 默认的匹配方式，本小节我们从数据结构的角度进行理解和整理。

首先，我们从最简单的加减乘除体会列表匹配的过程。

图 6.3-12 是单个数据的数学运算。

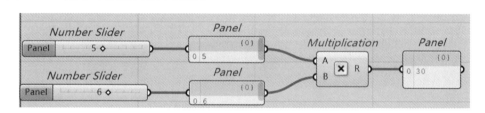

图 6.3-12　单个数据的数学运算

图 6.3-13 是等长列表数据的数学运算。

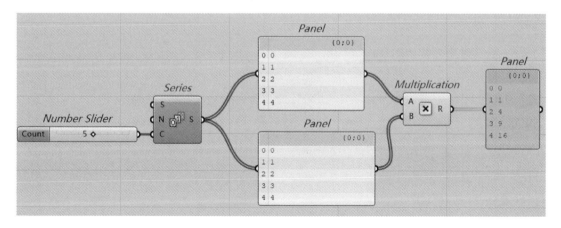

图 6.3-13　等长列表数据的数学运算

111

图 6.3-14 是不等长列表数据的数学运算。

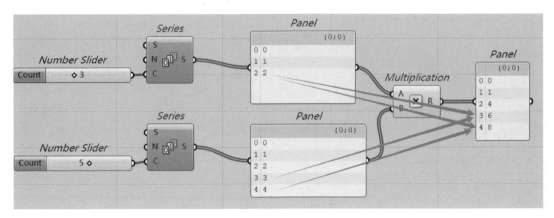

图 6.3-14　不等长列表数据的数学运算

到这里，读者会发现图 6.3-14 中不等长列表的运算是较短的列表最后一个数据重复与较长列表多出的数据进行运算，这是 GH 的默认处理方式，也就是 Longest 的匹配方法。

在 GH 中有三种列表匹配的方法，如图 6.3-15 所示。

图 6.3-15　GH 中的三种列表匹配方法

为了更深刻地理解上面三种匹配方法的使用，我们将上面的不等长列表运算进行完善修改。

图 6.3-16 是 Longest（最长）列表匹配法则。

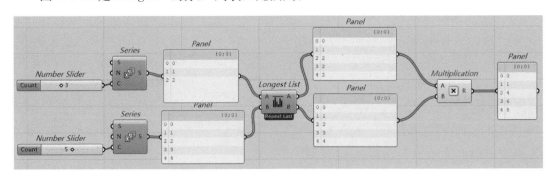

图 6.3-16　Longest 列表匹配法则

图 6.3-17 是 Shortest（最短）列表匹配法则。

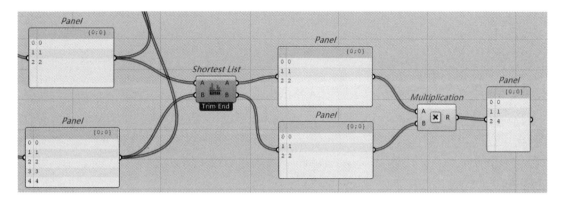

图 6.3-17　Shortest 列表匹配法则

图 6.3-18 是 Cross（交叉）列表匹配法则。

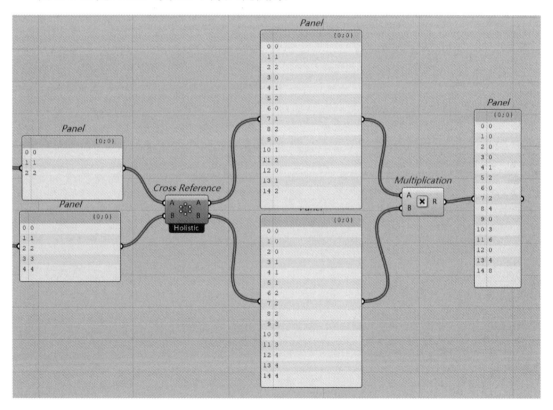

图 6.3-18　Cross 列表匹配法则

图 6.3-19 是 Longest 列表匹配法则下的腹杆生成方法。

图 6.3-20 是 Shortest 列表匹配法则下的腹杆生成方法。

图 6.3-21 是 Cross 列表匹配法则下的腹杆生成方法。

至此，三种列表匹配法则从纯数据匹配到几何图形的匹配都介绍完毕。读者要做的是在实际项目中灵活运用这些匹配法则。实际项目中，默认的 Longest 法则使用频率是最高的，但是其他匹配法则也有相应的应用场景。

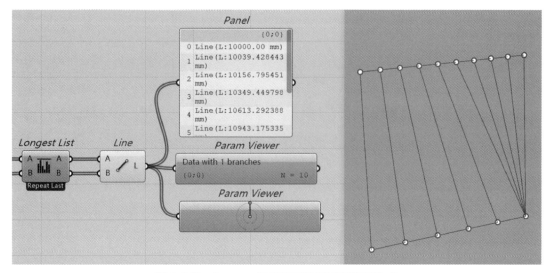

图 6.3-19　Longest 列表匹配法则下的腹杆生成

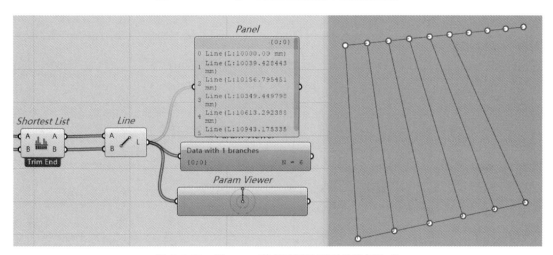

图 6.3-20　Shortest 列表匹配法则下的腹杆生成

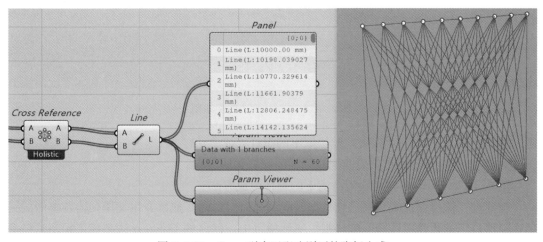

图 6.3-21　Cross 列表匹配法则下的腹杆生成

本部分详细操作见视频 77 数据结构——列表匹配。

77 数据结构
——列表匹配

6.4　数据结构综合

1. 数据树概述

前面，我们介绍了数据结构有三类：单一数据、数据列表和数据树。本节内容我们重点介绍数据树。

首先，看图 6.4-1，它是数据树的来源。读者可以直观地看到，数据树就像树一样，有规律地汇总着各种数据。

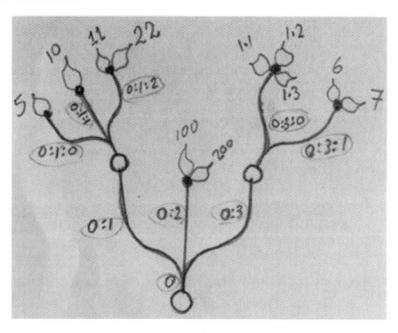

图 6.4-1　数据树的来源

在 GH 中，我们对数据的观察经常用到前面使用过的两个电池：一个是 Panel 电池；另一个是 Param Viewer 电池。图 6.4-2 是具体解释。

图 6.4-2　Param Viewer 电池

从某种程度上说，单一的数据和数据列表也是特殊的数据树，读者可以通过图 6.4-3 来体会。

接下来，读者要搞清楚一个重要的问题，就是同样的数据，存储在一个列表和不同分支中有什么区别呢？我们通过图 6.4-4 所示的加法运算去体会。

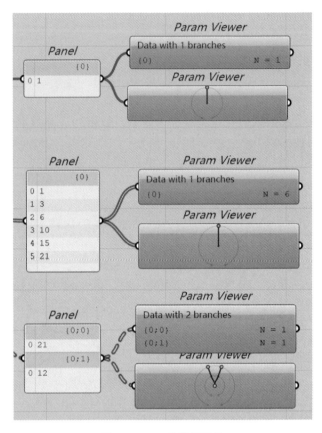

图 6.4-3　三种数据结构

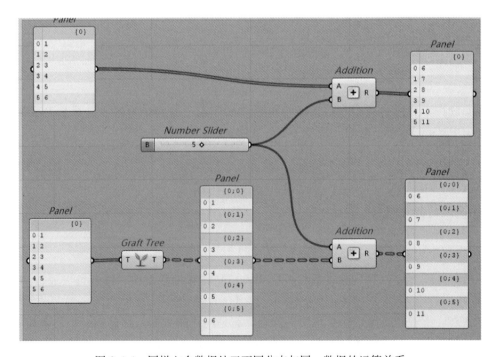

图 6.4-4　同样六个数据处于不同分支与同一数据的运算关系

在图 6.4-4 中不难发现，分支不同，计算不同。图 6.4-5 是在图 6.4-4 的基础上，将 B 端数据变成列表数据，读者继续体会数据运算的法则（在 6.3 节中介绍过）。

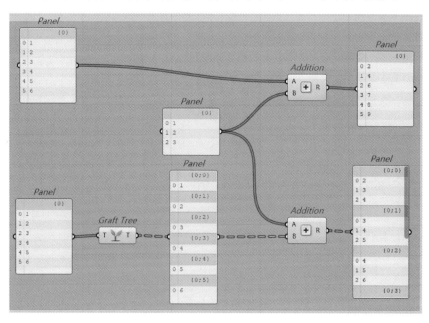

图 6.4-5　列表与分支树的运算

到此为止，如果你能够理解图 6.4-5 中的运算逻辑，那么说明已经入门 GH 中的数据结构了。下面，我们看最后一个图 6.4-6 所示的不同树枝之间的运算。

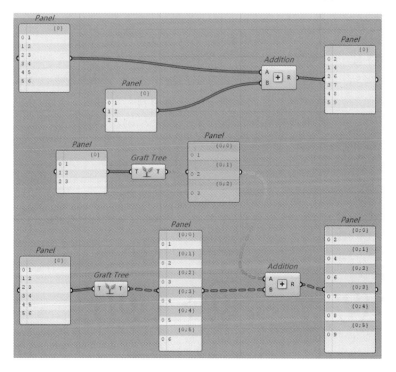

图 6.4-6　树形数据的运算

图 6.4-6 是最简单的树形数据的运算，读者务必体会图中的数字加法逻辑。这个图片是入门树形数据的钥匙，设法搞清楚、弄明白它。我们最后再看一个比较复杂的树形数据的运算，如图 6.4-7 所示。

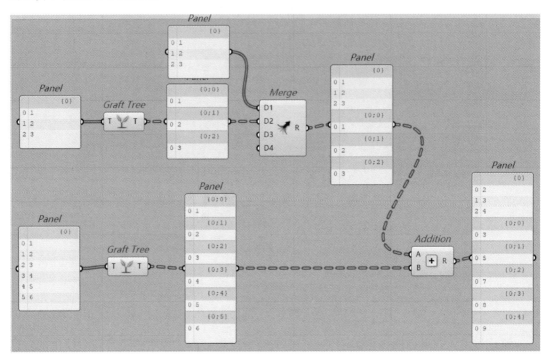

图 6.4-7　复杂树形数据的运算

本部分详细操作见视频 78 数据树概述。

78 数据树概述

2. 数据树符号

前面我们已经介绍了数据树，知道它是不同枝干组成不同的数据，看似数据繁多，但有规律可循。本节我们详细了解数据树符号的意义，形成系统的知识，为后面复杂的数据树操作做准备。

图 6.4-8 为数据树符号的具体含义。

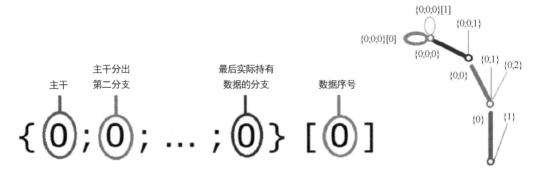

图 6.4-8　数据树符号的含义

在理解数据树符号含义的基础上,我们回头看第 1 小节介绍的六个数据为基础进行变化,得到的不同数据树,如图 6.4-9 所示。读者请结合数据树符号的含义进行理解。

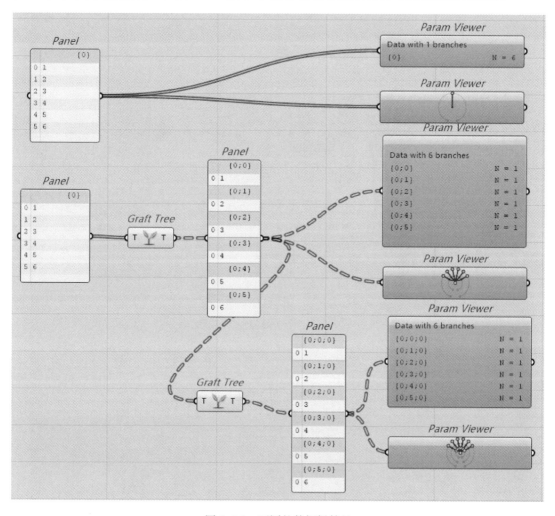

图 6.4-9　不同的数据树符号

本部分详细操作见视频 79 数据树符号。

3. 生成数据树

数据树的生成在实际项目中往往是伴随着电池组进行的,最原始的数据树的生成方式是右键输入或者 Panel 电池输入。此方法笔者认为实际项目应用得非常少,不在此介绍。本小节主要结合之前的部分案例的电池,从数据树的角度体会数据结构的应用。

79 数据树符号

首先,我们体会一下通过 Entwine 和 Merge 生成数据树,如图 6.4-10 所示。

接着,我们体会在前面的章节案例中已经无形中使用过的分割的命令生成的数据树。这种方法不是刻意而为之,是我们用电池处理几何图形时所伴随产生的。只是我们之前着重在案例的全流程操作,没有刻意去留意数据结构。

图 6.4-11 是对曲线的切割。

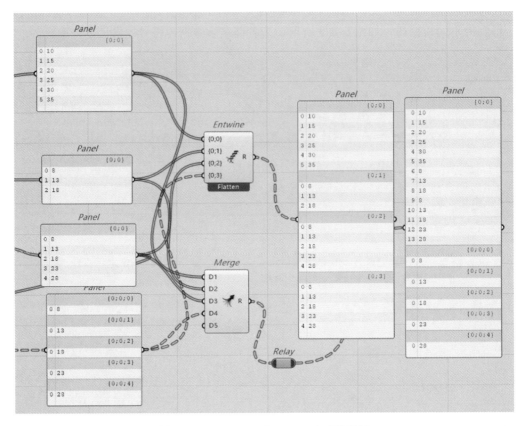

图 6.4-10　Entwine 和 Merge 生成数据树

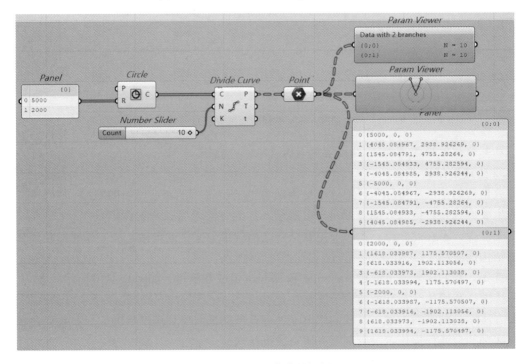

图 6.4-11　对曲线的切割

图 6.4-12 是对曲面的切割。

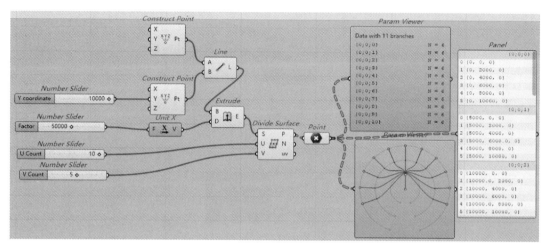

图 6.4-12　对曲面的切割

由图 6.4-11 和图 6.4-12 可以看出，在之前的案例中我们已经反复使用切割类的电池，背后其实就是对数据的划分和组装，这就是本节所说的数据树。

本部分详细操作见视频 80 生成数据树。

4. 数据树的对应

数据树的对应在第 1 节概述中涉及的加减乘除的运算，其实就是数据树对应的一个过程，本小节我们进行系统性的总结。

在 6.3 节中，我们介绍过列表的三种匹配方式，这个同样适用于数据树。

下面我们引用 Rajaa Issa 对数据树匹配所做的经典总结。

图 6.4-13 是单个数据与树形数据的匹配。

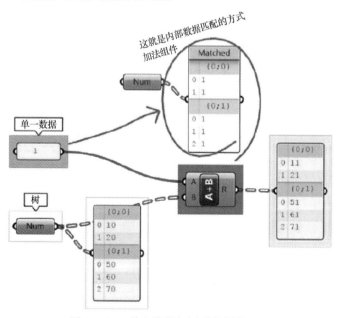

80 生成数据树

图 6.4-13　单个数据与树形数据的匹配

图 6.4-14 是短列表与树形数据的匹配。

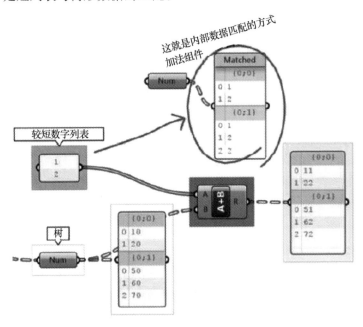

图 6.4-14　短列表与树形数据的匹配

图 6.4-15 是长列表与树形数据的匹配。

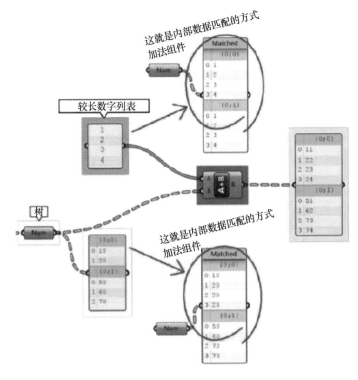

图 6.4-15　长列表与树形数据的匹配

图 6.4-16 是相同分支的树形数据的匹配。

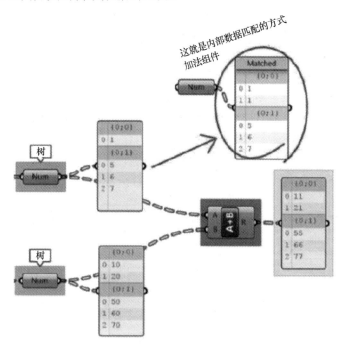

图 6.4-16　相同分支的树形数据的匹配

图 6.4-17 是不同分支的树形数据的匹配。

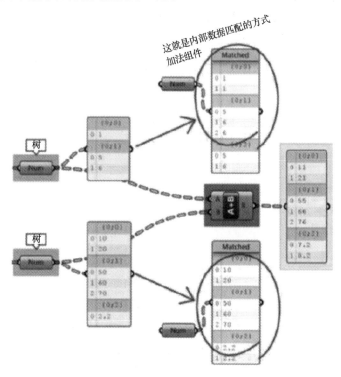

图 6.4-17　不同分支的树形数据的匹配

以上介绍的五种树形数据的匹配情况几乎可以囊括所有树形数据的匹配类型。读者请务必仔细结合视频讲解，体会其中的精髓。

本部分详细操作见视频 81 数据树的对应。

81 数据树的对应

5. 数据树的遍历

数据树的遍历通俗地讲，就是随心所欲的提取某一分支。这个在我们的网壳案例章节已经有所涉及。本小节从数据结构的角度，对读者进行介绍。

图 6.4-18 是以多组同心圆进行分割为例，遍历数据树，随心所欲地提取每个同心圆上的点。

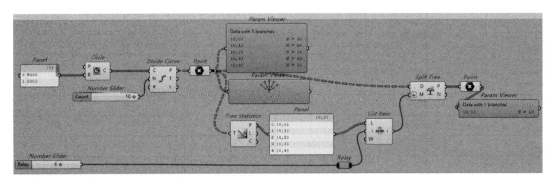

图 6.4-18　遍历数据树

本部分详细操作见视频 82 数据树的遍历。

82 数据树的遍历

6. 数据树的基本操作→查看数据树的结构

此小结我们主要是给读者进行数据树结构查看的总结。

图 6.4-19 是之前介绍的整体查看数据树的电池。

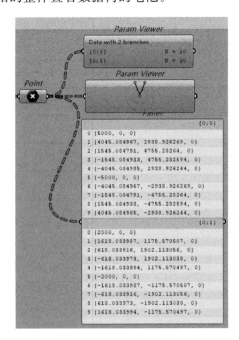

图 6.4-19　整体查看数据树

图 6.4-20 是具体查看数据树的电池。

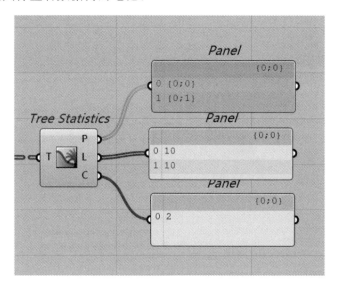

图 6.4-20　具体查看数据树的电池

通过上面两种方法，我们可以对数据树进行全方位的掌控。

本部分详细操作见视频 83 数据树的基本操作——查看数据树的结构。

7. 数据树的基本操作——列表运算

数据树的每一个分支都是单独的列表，我们对每个分支进行 6.3 节中的列表运算。

比如，图 6.4-21 所示为特殊点位的提取连线。

83 数据树的基本
操作——查看
数据树的结构

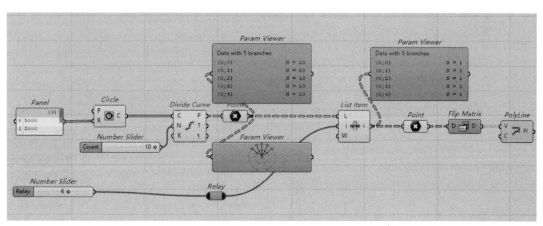

图 6.4-21　特殊点位的提取连线

本部分详细操作见视频 84 数据树的基本操作——列表运算。

8. 数据树的基本操作——列表嫁接

列表嫁接在一些书籍中，被称为 Graft 数据。读者仔细观察图 6.4-22 中数据结构的变化。

84 数据树的基本
操作——列表
运算

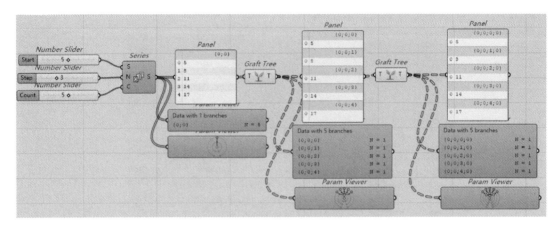

图 6.4-22　Graft 数据

读者可以放大图 6.4-22 中的树形数据，观察名称的变化，如图 6.4-23 所示。

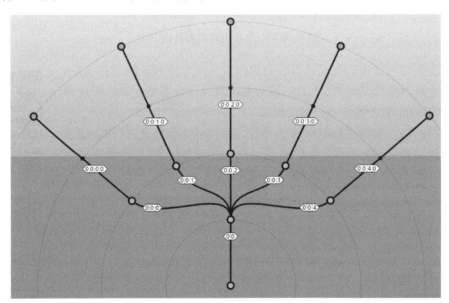

图 6.4-23　数据名称的含义

本部分详细操作见视频 85 数据树的基本操作——列表嫁接。

9. 数据树的基本操作——拍平成列表

拍平成列表在一些书籍中，被称为 Flatten 数据。读者仔细观察图 6.4-24 中数据结构的变化。

本部分详细操作见视频 86 数据树的基本操作——拍平成列表。

85 数据树的基本
操作——列表
嫁接

86 数据树的基本
操作——拍平成
列表

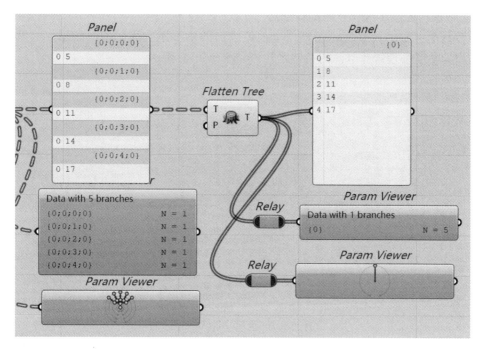

图 6.4-24　Flatten 数据结构

10. 数据树的基本操作——合并数据流

数据流的合并主要是 Merge 和 Entwine 两个电池，之前的章节案例我们陆续使用过。下面，我们通过数据电池的连接进行总结，如图 6.4-25 所示。

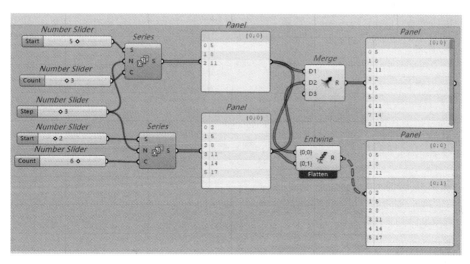

图 6.4-25　Merge 和 Entwine 两个电池

本部分详细操作见视频 87 数据树的基本操作——合并数据流。

87 数据树的基本操作——合并数据流

11. 数据树的基本操作——翻转数据

翻转数据主要是 Flip Matrix 两个电池，之前的章节案例我们多次使用，这里我们从数据结构的角度去理解此电池的精妙之处，如图 6.4-26 所示。

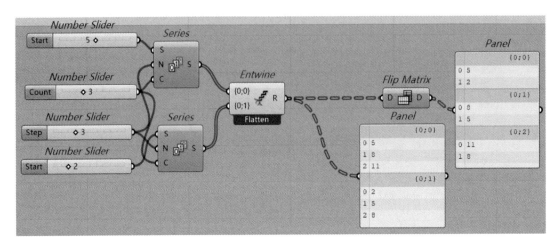

图 6.4-26　Flip Matrix 电池

本部分详细操作见视频 88 数据树的基本操作——翻转数据。

88 数据树的基本
操作——翻转
数据

12. 数据树的基本操作——简化数据

简化数据一般是在参数化建模过程中为了将不同级别的数据进行同级别的操作使用的，我们在此小节进行常见的简化数据的电池汇总，读者结合每个电池相关的数据进行学习。

图 6.4-27 是 Trim Tree 进行数据简化的流程，读者留意图中数据结构的简化规律。

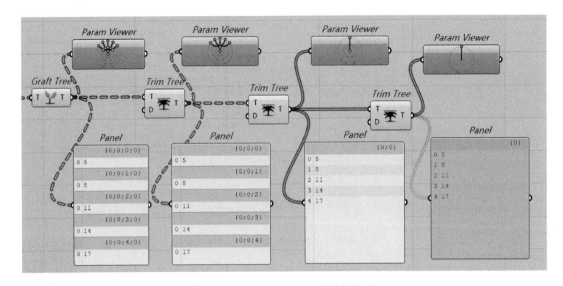

图 6.4-27　Trim Tree 进行数据简化

图 6.4-28 是 Explode Tree 进行数据的分流，读者留意图中数据结构的简化规律。

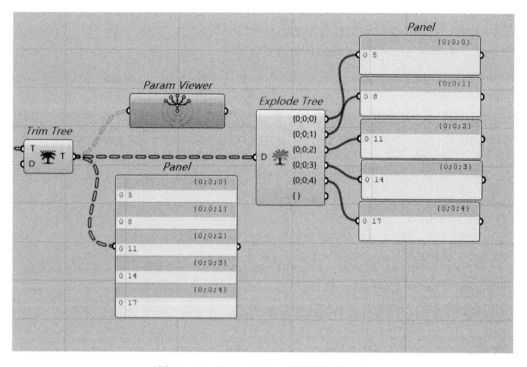

图 6.4-28　Explode Tree 进行数据的分流

本部分详细操作见视频 89 数据树的基本操作——简化数据。

89 数据树的基本
操作——简化
数据

13. 数据树的基本操作——相对元素

相对元素是数据树基本操作中高级的运算，它的运算需要读者有非常清晰的逻辑思维，否则无法理解其中的数据逻辑关系。由于此运算在结构参数化建模中可以大幅度解放设计师的电池连接工作，因此我们在本小节中从原理开始介绍。

相对元素通俗而言，就是帮设计师解决不同树枝、不同位次的列表连接问题，在实际项目中用得比较多的是斜杆的连接。它的核心电池是 Relative Item，图 6.4-29 是其对角线连接原理。

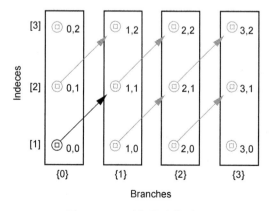

图 6.4-29　对角线连接原理

在 GH 中，它的偏移是用偏移字符串来表达，格式是〔分支偏移值〕【元素序列号偏移值】。注意，这里的偏移值可以是正数，也可以是负数。

图 6.4-30 所示为 Relative Item 的核心运算。

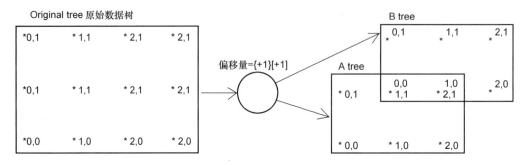

图 6.4-30　Relative Item 核心运算

上面是相对元素的基本原理，下面我们用同心圆等分连接斜杆的小案例体会相对元素的高级应用。

图 6.4-31 是同心圆等分连接斜杆的电池。

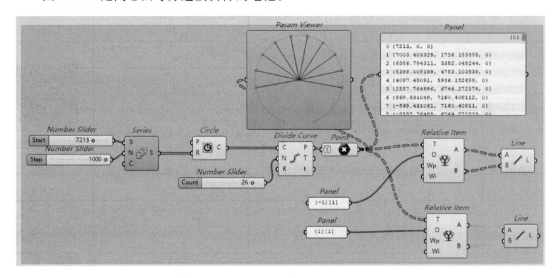

图 6.4-31　同心圆等分连接斜杆的电池

在阅读图 6.4-31 的电池时，读者结合网壳案例的章节，思考如何借助相对元素的数据运算，来实现网壳斜杆的连接。

图 6.4-32 所示为同心圆等分连接斜杆的效果。

这里不难发现，很多时候 GH 电池的多少背后体现的是设计师的逻辑思维运算的过程，其本质核心是处理数据的能力。

本部分详细操作见视频 90 数据树的基本操作——相对元素。

90 数据树的基本
操作——相对
元素

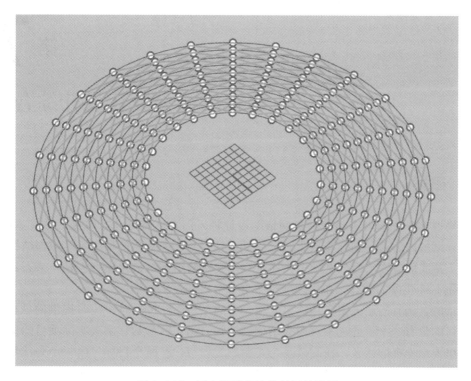

图 6.4-32　同心圆等分连接斜杆的效果

6.5　本章小结

本章主要介绍建筑结构参数化设计中的数据结构，可以负责任地说，数据结构是参数化的灵魂。任何复杂的电池背后，都是对数据的处理。从单一的数据到列表，再到数据树，请读者结合本章内容，从之前的案例中尝试优化自己的电池。

第7章

建筑结构参数化设计综合案例

7.1 概述

如果说前 5 章的内容是借助案例帮助设计师入门 GH 参数化，掌握一些基本的电池，那么第 6 章的内容就是剖开参数化 GH 中的电池，直击参数化的核心——数据结构。

第 7 章我们将在前面的基础上，通过众多案例的结构参数化模型创建，来帮助读者树立参数化 GH 建模的信心，在实际项目中形成自己的逻辑风格。

本章的案例有的系根据实际项目改编，有的系热心同行平时交流时提供的项目素材所改编，目的只有一个：通过案例树立结构设计师应用 GH 参数化解决实际项目的信心。

这里要额外提醒读者，在阅读每个案例的过程中，有两个目标：第一个是读懂案例实现的电池；第二个是通过案例和作者提供的电池自己思考，形成自己的电池。

7.2 某项目弧形钢结构建模

1. 案例思路

某项目 20m 高弧形钢结构依附于主体混凝土结构（图 7.2-1），特点是弧形、斜柱，

图 7.2-1 弧形钢结构

属于异形幕墙龙骨。在此项目初步设计阶段，设计师为了更好地考虑此钢结构对主体结构的影响，同时考虑到幕墙设计的安全性，决定由设计院负责设计此部分的钢龙骨设计。

为了应对建筑师捉摸不定的修改，结构设计师对此类钢结构用参数化建模是一个很好的对策。

此案例的推荐思路为：首先是上下弧形的确定，其次是主龙骨划分，最后是次龙骨划分。

2. 模型创建

第一步是输入参数的确定，如图 7.2-2 所示。

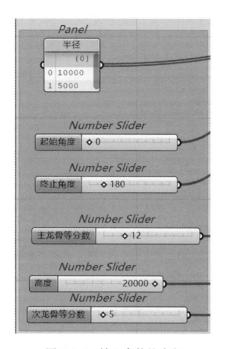

图 7.2-2　输入参数的确定

第二步是主圆弧的创建，如图 7.2-3 所示。

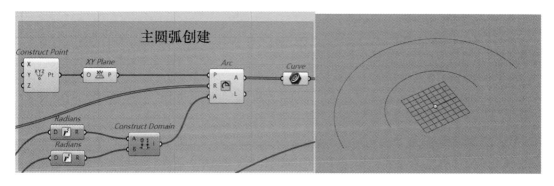

图 7.2-3　主圆弧的创建

第三步是主龙骨的创建，如图 7.2-4 所示。

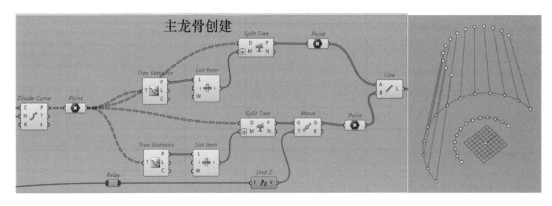

图 7.2-4　主龙骨的创建

第四步是次龙骨的创建，如图 7.2-5 所示。

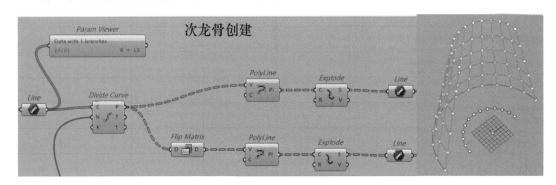

图 7.2-5　次龙骨的创建

至此，该项目的弧形钢结构部分建模完毕。

本部分详细操作见视频 91 某项目弧形钢结构建模。

91 某项目弧形
钢结构建模

7.3　某项目交叉网格钢结构建模

1. 案例思路

此案例为某超高层的幕墙钢结构，如图 7.3-1 所示，其特点是依附于框架核心筒外圈的框架上编织而成。

记得当时做这个超高层钢结构部分的设计师在交流时，对方案阶段建筑反复修改网格头疼不已。其实，任何有规律的东西，找准规律就都有捷径可循。参数化就是解决这类问题的捷径。

此案例的建模思路，首先确定钢结构的平面投影实际上是一个椭圆，结构需要做的是在椭圆的基础上随着层高生成对应楼层的椭圆；然后批量等分节点，对节点错位处理，批量连接；最后即可生成钢结构主体。

2. 模型创建

第一步是输入参数的确定，如图 7.3-2 所示。

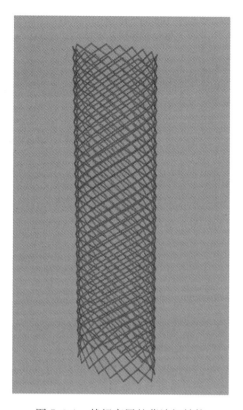

图 7.3-1　某超高层的幕墙钢结构

图 7.3-2　结构控制参数

第二步是椭圆结构楼层平面的创建，如图 7.3-3 所示。

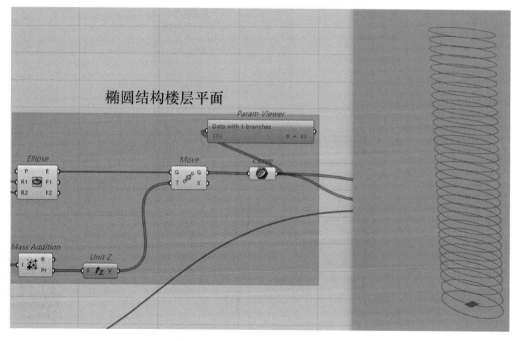

图 7.3-3　椭圆结构楼层平面的创建

第二步是交叉网格钢结构的创建，如图 7.3-4 所示。

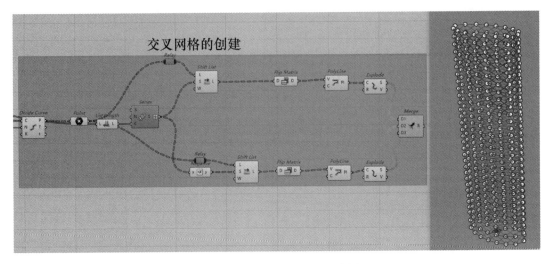

图 7.3-4　交叉网格钢结构的创建

至此，此案例的钢结构模型创建完毕。读者在观察上面三步时会发现，可以结合第 6 章的数据处理部分去理解。参数化建模其实就是数据的创建和处理。

实际项目中，读者一定要学会举一反三，比如此案例的交叉网格结构其实很多项目中都有不同程度的应用，例如图 7.3-5 所示的某项目。

图 7.3-5　某项目交叉网格结构应用

本部分详细操作见视频 92 某项目交叉网格钢结构建模。

92 某项目交叉
网格钢结构建模

7.4　凤凰中心钢结构建模

1. 案例思路

凤凰中心是北京一座知名的地标建筑，如图 7.4-1 所示。其构想来自于西方数学经典的立体几何模型"莫比乌斯环"，很多书籍上都记载有它的整体造型创建。他们大多是从建筑的角度出发，本案例从结构的角度对此钢结构模型创建进行介绍。

图 7.4-1　凤凰中心地标建筑

对此类复杂的钢结构建模采用参数化是最合适的搭配，因为此类闭合曲线的创建和调整在传统的 CAD 模式下几乎难以完成。它的结构特点是有规律的两个方向闭合杆件连接而成。从纯结构的角度看，两个方向的杆件大小不一，说明受力地位完全不一样。

设计最关键的地方是找到两个方向杆件的变化规律。建模逻辑是首先把控大局，确认关键参数、基准圆（椭圆）；然后，等分椭圆，通过数据树运算进行连线。

2. 模型创建

第一步是输入参数的确定，如图 7.4-2 所示。

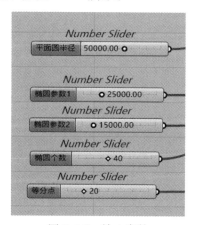

图 7.4-2　输入参数

第二步是控制圆、椭圆的创建，如图 7.4-3 所示。

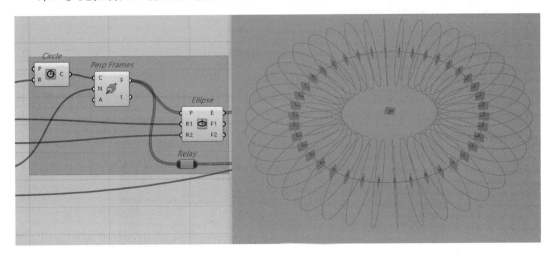

图 7.4-3　控制圆、椭圆的创建

第三步是整体轮廓表皮搭建，如图 7.4-4 所示。

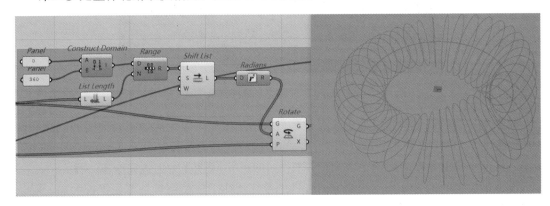

图 7.4-4　整体轮廓表皮搭建

第四步是数据树偏移，结构杆件连接，如图 7.4-5 所示。

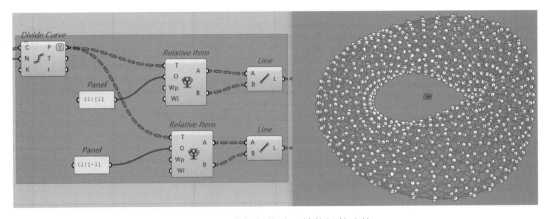

图 7.4-5　数据树偏移，结构杆件连接

提醒读者的是，此步是整个结构模型中最为关键的一步，很多设计师对数据的理解不够深入，导致此步陷入泥潭，用了很多烦琐的电池来实现杆件的连接。而图 7.4-5 左侧所示的电池就是我们在第 6 章中给读者介绍的数据树偏移的高级应用，请读者仔细体会大道至简的道理。

至此，整体结构杆件建模完毕，可以导出模型进行结构计算；也可以根据需要对结构进行润色，做方案汇报等的用途，如图 7.4-6 所示。

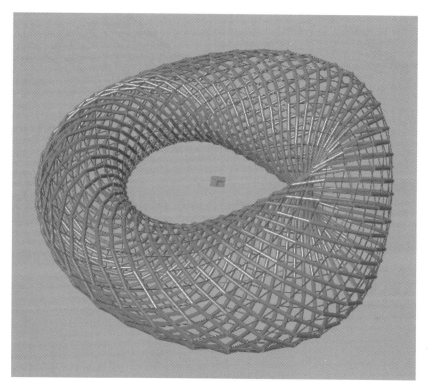

图 7.4-6　凤凰中心钢结构

本部分详细操作见视频 93 凤凰中心钢结构建模。

93 凤凰中心
钢结构建模

7.5　单层壳类结构建模

1. 案例思路

网壳是一类典型的空间结构，我们在第 3 章介绍过网壳结构的参数化设计，本小节我们在第 6 章数据结构的基础上，进一步总结壳类结构的参数化建模。为避免重复，我们以单层柱面网壳（图 7.5-1）为例对读者进行介绍。

对于壳类结构，如果读者此时仍然按照第 3 章的入门级思路去建模，那么本章就是第 3 章的重复。结合第 6 章的数据结构，观察壳类空间结构。它的杆件特点是随形而动，因此壳类结构的建模思路首先是观察壳体形状特点，找到图形本元。比如，本节的柱面网壳，它是柱面的一部分。这就如同第 3 章中的球面网壳是球体的一部分一样。

观察杆件特点，这一步是核心操作，读者在对数据处理有一定认识的基础上，要将杆

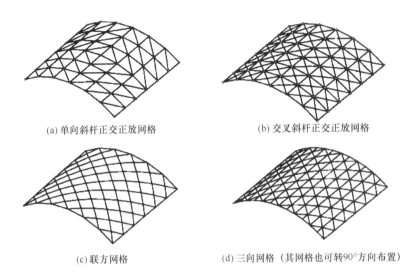

(a) 单向斜杆正交正放网格　　　　　　(b) 交叉斜杆正交正放网格

(c) 联方网格　　　　　　(d) 三向网格（其网格也可转90°方向布置）

图 7.5-1　单层柱面网壳

件数据化，比如图 7.5-1 四种柱面网壳，（a）、（b）、（d）是带水平或竖向的杆件，（c）是斜杆，而（a）、（b）、（d）的区别又在于杆件连接的方式。这就要求读者透过观察发现水平杆件和竖向杆件，其实就是树形数据的不同分支，斜杆的连接本质上是树形数据相对元素的应用。想明白这些，杆件的处理其实就不复杂了。

上面就是壳类网壳的建模思路，接下来我们在模型创建中体会。

2. 模型创建

第一步，输入参数的确定（图 7.5-2）。

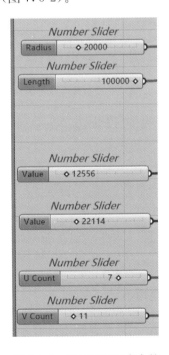

图 7.5-2　单层柱面网壳参数

第二步，柱面创建（图 7.5-3）。此步要提醒读者，基准面的创建方法很多，不一定是图 7.5-3 所示的那一种。

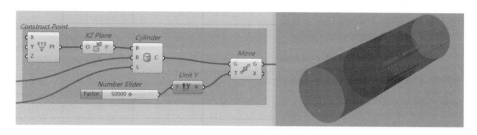

图 7.5-3　柱面创建

第三步，壳体水平投影的创建（图 7.5-4）。这一步同第二步一样，实际项目中创建方法很多，其他类型的壳体可以采用不同方法，比如曲线拉伸等。

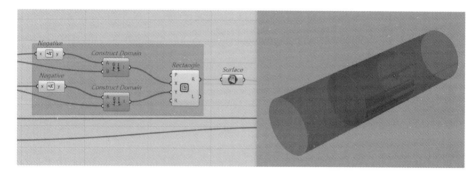

图 7.5-4　壳体水平投影面创建

第四步，在水平投影面上进行杆件处理（图 7.5-5）。此步是杆件生成的核心，读者注意体会图 7.5-5 中对数据结构的处理。

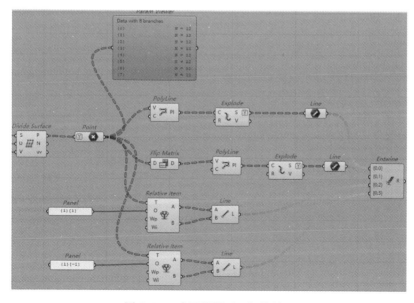

图 7.5-5　水平投影面上杆件处理

杆件处理的结果如图 7.5-6 所示。

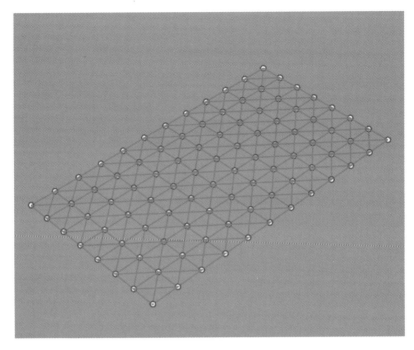

图 7.5-6　壳体杆件

至此，读者发现，当设计师对数据结构了解之后，杆件的处理其实思路非常简单，就是厘清背后的数据，通过几个电池就能轻松实现。

第五步，就是水平杆件投影到壳体，如图 7.5-7 所示。

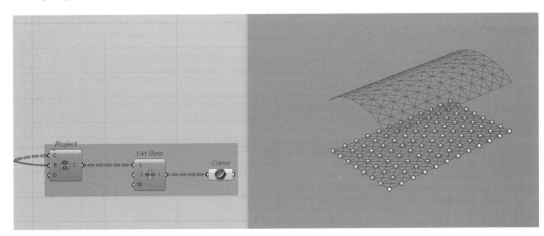

图 7.5-7　水平杆件投影到壳体

单层壳类结构的建模到此结束。

本部分详细操作见视频 94 单层壳类结构建模。

94 单层壳类
结构建模

7.6　单柱悬挑雨棚类钢结构建模

1. 案例思路

单柱雨棚类钢结构在实际项目中经常遇到，如图 7.6-1 所示。一般的雨棚可以用传统的 CAD 建模即可完成，但是面对建筑专业捉摸不定的修改和结构设计师概念设计阶段要做的方案比选，参数化可以完美地解决这个问题。

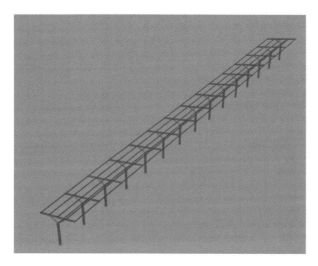

图 7.6-1　单柱悬挑雨棚

此类钢结构的建模关键是要把握单品钢结构的创建，通过数据结构的批量处理完成整体结构的创建。

单榀结构的受力主要是主受力钢柱分叉支撑钢梁，将钢梁变成两端悬挑梁，如图 7.6-2 所示。

图 7.6-2　标准榀模型

每榀钢结构之间通过次梁和系杆共同组成整体钢结构来协同受力。在方案阶段，通过计算分析来判断面外刚度的强弱。如果有必要，则可以增设支撑。

2. 模型创建

第一步，输入参数的确定（图 7.6-3）。

图 7.6-3 控制参数

第二步，基准点的确定，如图 7.6-4 所示。

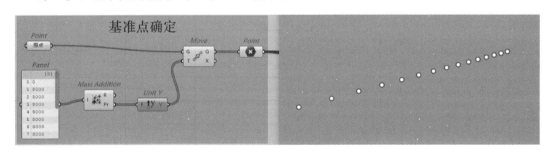

图 7.6-4 基准点的确定

第三步，主钢架的创建，如图 7.6-5 所示。

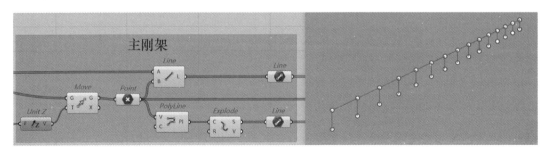

图 7.6-5 主钢架的创建

第四步，悬挑主梁的创建，电池如图 7.6-6 所示。

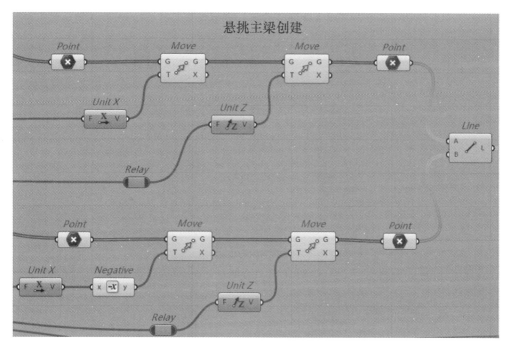

图 7.6-6　悬挑主梁的创建

第五步，分支杆件的创建，如图 7.6-7 所示。

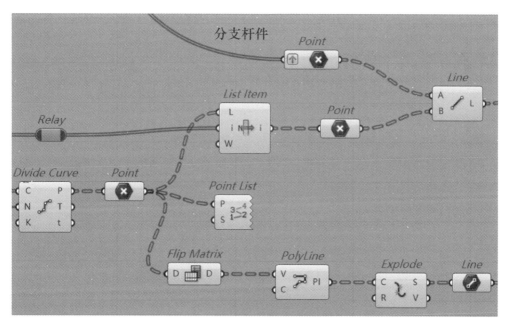

图 7.6-7　分支杆件的创建

第六步，杆件整理，如图 7.6-8 所示。

到此为止，单柱悬挑雨棚模型创建完毕。

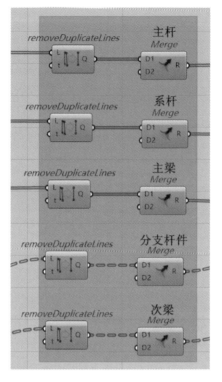

图 7.6-8　杆件整理

本部分详细操作见视频 104 单柱悬挑雨棚类钢结构建模。

104 单柱悬挑雨
棚类钢结构建模

7.7　工字钢壳元建模

1. 案例思路

　　壳元分析是复杂结构设计中经常遇到的一种有限元分析，结构设计师面对的第一个挑战就是壳的建模。传统的有限元软件擅长进行结构计算分析，如图 7.7-1 所示。但是，在结构建模方面是软肋。GH 参数化建模中经常用网格来解决壳元分析中遇到的建模难题。

图 7.7-1　工字钢有限元分析

本案例采用结构设计师最为熟悉的简支梁（工字钢建模），来带读者体会 GH 参数化创建壳元模型的方法。

工字形截面壳元模型的创建，我们推荐读者从线到面的逻辑思维进行创建。简而言之，就是找准形心→创建上半段基准线→挤出基准面→划分网格→镜像成型。

2. 模型创建

第一步，输入参数的设置，如图 7.7-2 所示。

图 7.7-2　输入参数

第二步，基准线的创建，如图 7.7-3 所示。

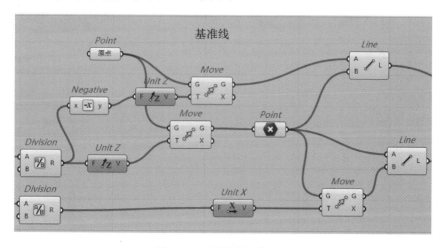

图 7.7-3　基准线创建电池

第三步，基准面的挤出及网格划分，如图 7.7-4 所示。

这里要提醒读者的是，此处腹板是完整的划分网格，翼缘是上半部分的一半网格，目的是使电池更具有通用性。比如，腹板网格可以是奇数，也可以是偶数。

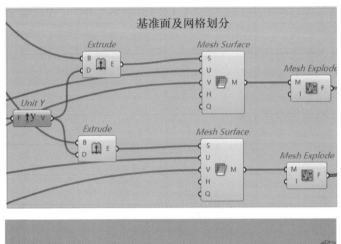

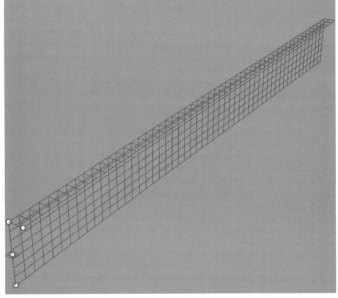

图 7.7-4　基准面的挤出及网格划分

第四步，全部网格划分，如图 7.7-5 所示。

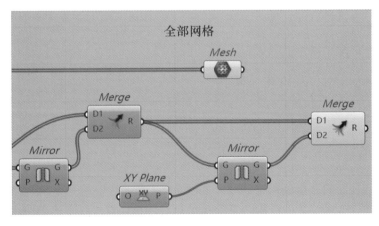

图 7.7-5　全部网格划分

最终的工字形截面有限元划分，如图 7.7-6 所示。

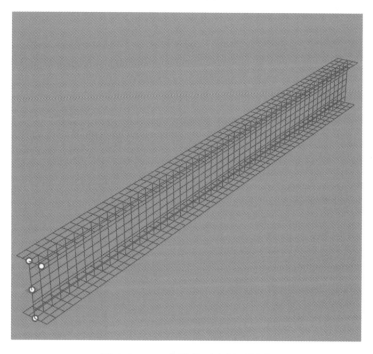

图 7.7-6　工字形截面有限元划分

最后，提醒读者，为了使自己的电池更好地重复使用，建议读者封装电池，效果如图 7.7-7所示。

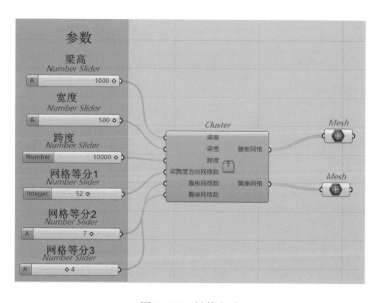

图 7.7-7　封装电池

本部分详细操作见视频 105 工字钢壳元建模。

105 工字钢壳
元建模

7.8 箱形梁扭转壳元建模

1. 案例思路

钢结构箱形梁经常用于结构的受扭部位。受我国规范限制，没有受扭的构件计算，因此很多存在受扭箱形截面的项目会进行有限元分析。壳元的建模用传统软件进行是一个难点，这时 GH 参数化轻松地解决了这样的问题。

箱形截面的建模思路与工字形截面类似，都是先建立跨度曲线，然后沿着跨度曲线生成基准面，接着进行网格划分。

2. 模型创建

第一步，输入参数的设置，如图 7.8-1 所示。

图 7.8-1 输入参数

第二步，跨度曲线的创建，如图 7.8-2 所示。

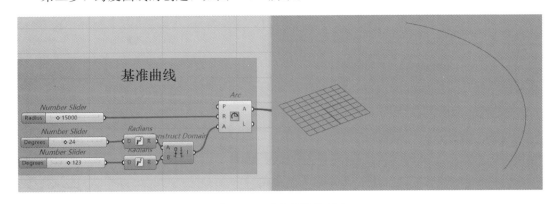

图 7.8-2 跨度曲线的创建

此步要提醒读者，实际项目中也经常从已有的建筑曲线进行拾取，无须结构设计师自行创建。

第三步，基准曲面的创建，如图 7.8-3 所示。

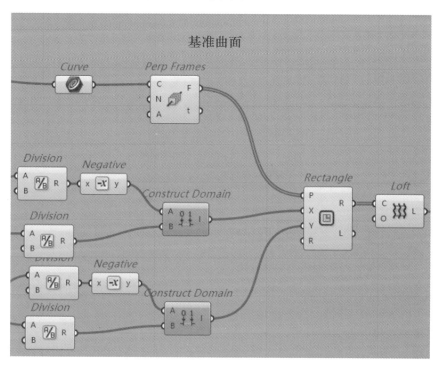

图 7.8-3　基准曲面的创建

第四步，基准曲面的分离，如图 7.8-4 所示。

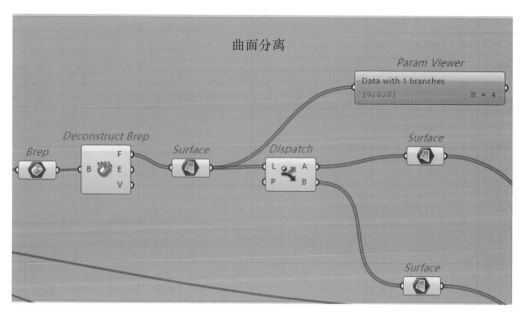

图 7.8-4　基准曲面的分离

此步的曲面分离是为了更好地对翼缘和腹板进行网格划分，通用性更强。

第五步，网格细分，如图 7.8-5 所示。

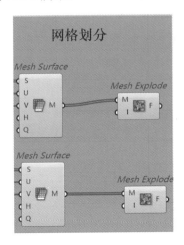

图 7.8-5　网格细分

第六步，封装电池，如图 7.8-6 所示。

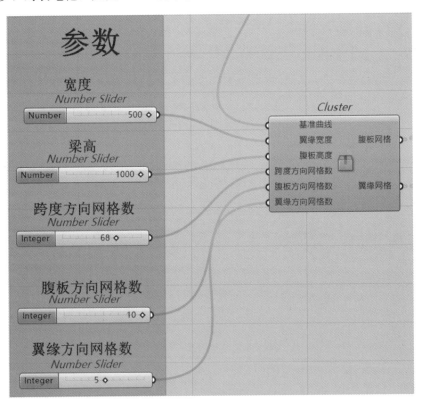

图 7.8-6　封装电池

至此，箱形梁扭转壳元建模完成，效果如图 7.8-7 所示。

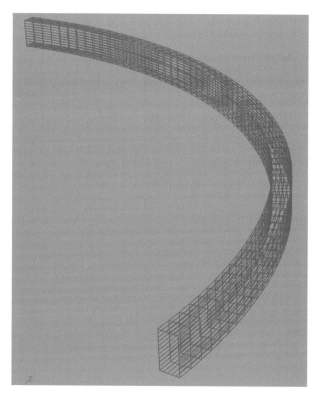

图 7.8-7　箱形梁扭转壳元

106 箱形梁扭转
壳元建模

本部分详细操作见视频 106 箱形梁扭转壳元建模。

7.9　鸟巢体育场类钢结构建模

1. 案例思路

鸟巢是 2008 年北京奥运会的标志性建筑，如图 7.9-1 所示。对结构设计师来说，它

图 7.9-1　鸟巢钢结构

的主体钢结构给人的第一印象是"乱"，但实际上仔细观察会发现，这类钢结构的背后也是有规律可循的，它是一榀一榀错综相交的"门式刚架"组合而成。本案例旨在对类似的异形空间钢结构，从形体的角度进行结构参数化模型的创建。

这类钢结构的建模逻辑是找形，这里的找形不是力学上的找形，而是建筑形态层面的找形。在整体形态的基础上找结构线，在平面上进行结构连线，然后投影在形体上。

2. 模型创建

第一步，找形。建筑形体可以让建筑师进行提供，也可以从建筑师手中获取生成形体的基本数据，自己进行形体放样。这里，我们对此形态进行简化生成，电池如图 7.9-2 所示。

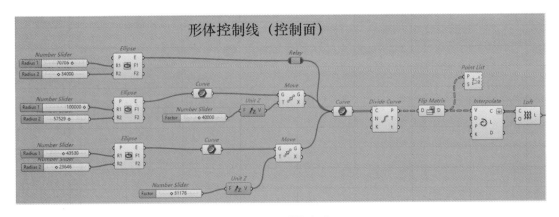

图 7.9-2　形体电池

生成效果如图 7.9-3 所示（注意本步不是此案例重点，实际形态需要对基准线进行一些变形操作，变形数据由建筑师提供，感兴趣的读者可以查阅相关文献）。

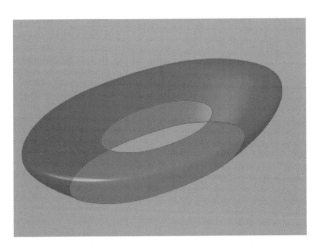

图 7.9-3　形体效果

第二步，基准线的提取。内外两个闭合曲线投影至平面，为后续平面操作提供条件，如图 7.9-4 所示。

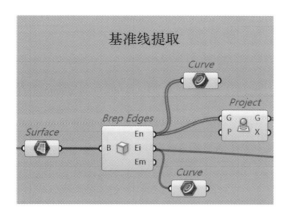

图 7.9-4　基准线提取

第三步，基准线等分连线。此步是生成交错刚架的关键，交错连线的方法之前案例均有涉及，电池如图 7.9-5 所示。

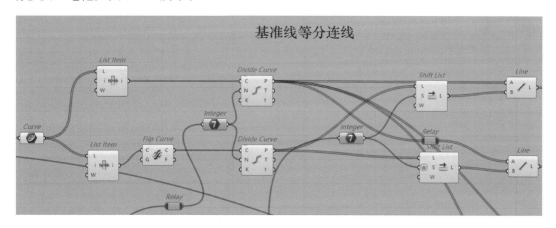

图 7.9-5　交错刚架连线电池

平面连线的效果如图 7.9-6 所示。

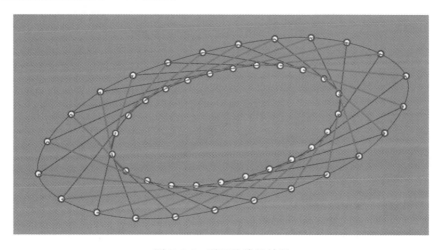

图 7.9-6　平面连线的效果

第四步，刚架曲线的生成。此步的关键是如何将平面连线投影至空间形体，这里采用面面相交得线的方法，电池如图 7.9-7 所示。

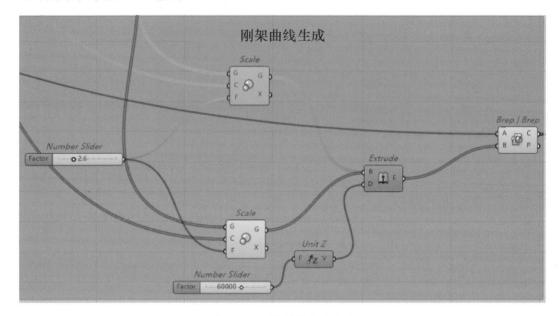

图 7.9-7　刚架曲线生成电池

刚架曲线的效果如图 7.9-8 所示。

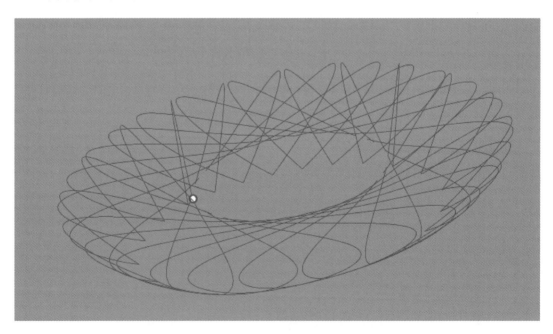

图 7.9-8　空间刚架曲线

第五步，就是以直代曲。将空间刚架曲线等分以直线连接，方便进行有限元计算，等分数由结构设计师根据具体尺寸确定，效果如图 7.9-9 所示。

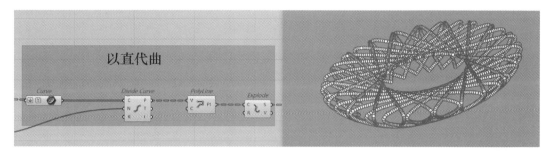

图 7.9-9　以直代曲

本部分详细操作见视频 107 鸟巢体育场类钢结构建模。

7.10　广州塔类钢结构建模

1. 案例思路

广州塔又称"小蛮腰"，是广州著名的地标建筑，如图 7.10-1 所示。对结构设计师来说，建模层面最大的难点是周圈的钢结构，它的形体两头大、中间小，但是钢结构部分又给人一种细长的美感。

图 7.10-1　广州塔

这类高耸塔式类的钢结构建模，我们推荐读者从整体控制到局部杆件分割的思路，进行参数化结构模型的创建。

2. 模型创建

第一步，几何控制参数的汇总，如图 7.10-2 所示。

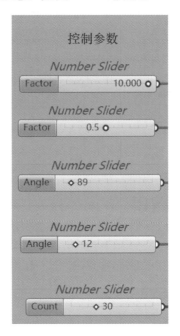

图 7.10-2　控制参数

第二步，底部轮廓线的创建，如图 7.10-3 所示。

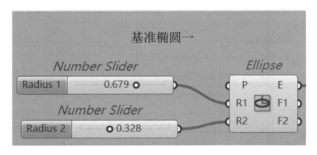

图 7.10-3　底部轮廓线

第三步，顶部轮廓线的创建，如图 7.10-4 所示。

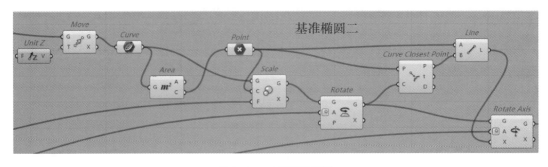

图 7.10-4　顶部轮廓线

第四步，竖向杆件的创建，如图 7.10-5 所示。

这里要提醒读者留意，竖杆的创建效果不是上下一对一，而是类似斜交的效果，如图 7.10-6所示。这是由于顶部轮廓线旋转的缘故。

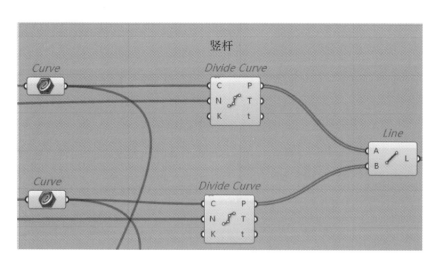

图 7.10-5　竖杆创建

图 7.10-6　竖杆

第五步，水平杆件的创建，如图 7.10-7 所示。

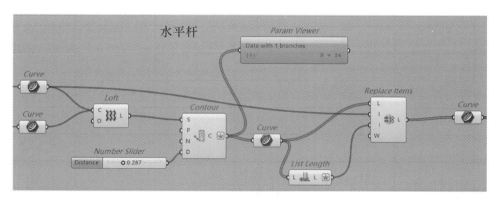

图 7.10-7　水平杆件创建电池

第六步，斜杆的创建，如图 7.10-8 所示。

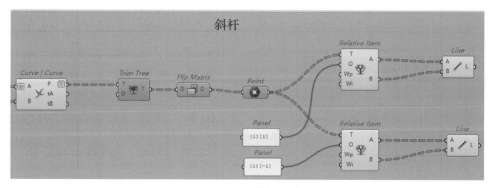

图 7.10-8　斜杆创建

到此为止，广州塔钢结构杆件模型创建完毕，如图 7.10-9 所示。

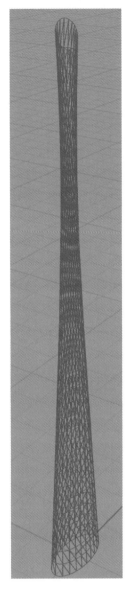

图 7.10-9　广州塔钢结构模型

108 广州塔类
钢结构建模

本部分详细操作见视频 108 广州塔类钢结构建模。

7.11　本章小结

本章共提供了九个案例，目的只有一个：通过案例树立结构设计师应用 GH 参数化解决实际项目的信心，建议读者在阅读每个案例的过程中结合视频扫码学习。每个完整的案例学完之后，自己思考创建出属于自己的电池组，来生成相应的案例模型。

参 考 文 献

【1】 Rajaa Issa. Grasshopper 中的核心算法与数据结构 .

【2】 白云生，高云河 . GRASSHOPPER 参数化非线性设计 . 武汉：华中科技大学出版社，2020.

【3】 祁鹏远 . Grasshopper 参数化设计教程 . 北京：中国建筑工业出版社，2019.

【4】 曾旭东，王大川，陈辉 . 参数化建模 . 武汉：华中科技大学出版社，2011.

【5】 何政，来潇 . 参数化结构设计基本原理、方法及应用 . 北京：中国建筑工业出版社，2019.

【6】 张毅刚，薛素铎，杨庆山，等 . 大跨空间结构 . 2 版 . 北京：机械工业出版社，2014.

结构设计新形态丛书

- 迈达斯midas Gen结构设计入门与提高
- Grasshopper参数化结构设计入门与提高
- 盈建科YJK门式刚架设计
- 盈建科YJK结构设计入门与提高

建工出版社微信

各地建筑书店

责任编辑：郭　栋
封面设计：锋尚设计

经销单位：各地新华书店 / 建筑书店（扫描上方二维码）
网络销售：中国建筑工业出版社官网 http://www.cabp.com.cn
　　　　　中国建筑出版在线 http://www.cabplink.com
　　　　　中国建筑工业出版社旗舰店（天猫）
　　　　　中国建筑工业出版社官方旗舰店（京东）
　　　　　中国建筑书店有限责任公司图书专营店（京东）
　　　　　新华文轩旗舰店（天猫）　凤凰新华书店旗舰店（天猫）
　　　　　博库图书专营店（天猫）　浙江新华书店图书专营店（天猫）
　　　　　当当网　京东商城
图书销售分类：结构·岩土·水利工程（S10）

ISBN 978-7-112-30060-0

9 787112 300600 >

（43015）定价：68.00元